지은이 로드리고 퀴안 퀴로가

■ ■ ■ ■ ■

로드리고 퀴안 퀴로가는 영국 레스터 대학교 연구 석좌 교수 겸 시스템 신경과학 연구소 소장이다. 아르헨티나 부에노스아이레스 대학교 물리학과를 졸업한 후 독일 뤼벡 대학교에서 응용수학으로 박사 학위를 받았다.

미국 뇌전증학회로부터 젊은 연구자상, 영국 왕립학회 울프슨 연구 공로상을 수상했으며, 2014년에는 과학과 공학 분야 영국 RISE 리더 10명 중 한 명으로 선정되었으며, 2019년에는 영국 의과학아카데미 회원에 선정되었다.

주요 연구 분야는 시각 지각, 기억, 인간 사고와 지능의 기초다. 저자는 "개념 세포" 또는 "제니퍼 애니스턴 뉴런"(기억에서 핵심적인 역할을 하는 인간 뇌 속 뉴런)을 발견했으며, 〈디스커버〉는 이 발견을 2005년 100대 과학 발견 중 하나로 선정했다.

현재까지 100편 이상의 연구논문을 발표했으며, 이 논문들로 〈뉴욕타임스〉, 〈워싱턴타임스〉, 〈사이언티픽아메리칸〉, 〈뉴사이언티스트〉, 〈인디펜던트〉 등 언론의 주목을 받았다. 또한 아르헨티나 작가 호르헤 루이스 보르헤스의 생각과 신경과학의 기억 연구를 연결한 《보르헤스와 기억》을 썼다.

* 표지 그림 출처 (The Forgetting Machine): 로드리고 퀴안 퀴로가의 작업에서 영감을 받은 Jeff Kaiser와 Luis Tabuenca의 앨범을 위한 Ted Killian의 그림(요청에 의해 표기함)

망각하는 **기계**

The Forgetting Machine

Copyright © 2017 by Rodrigo Quian Quiroga
All rights reserved.
Korean translation copyright © 2022 by Hyungju Press
First published in Spansh in 2014 by Editorial Paidos.
Copyright © 2014 by Rodrigo Quian Quiroga.
Korean translation rights arranged with Folio Literary Management
through Danny Hong Agency.

이 책의 한국어판 저작권은 Danny Hong Agency를 통한
Folio Literary Management 사와의 독점계약으로 형주가 소유합니다.
저작권법에 의해 한국 내에서 보호를 받는 저작물이므로 이 책의 일부 또는
전부를 재사용하려면 반드시 저작권자와 형주 양측의 동의를 받아야 합니다.

망각하는 기계

글쓴이 로드리고 퀴안 퀴로가
옮긴이 주명진

1판 1쇄 인쇄 2022. 5. 10.
1판 1쇄 발행 2022. 5. 20.

펴낸곳 형주 | **펴낸이** 주명진
표지 · 편집 디자인 예온

신고번호 제 333-2022-000002호 | **신고일자** 2022. 1. 3.
주소 부산광역시 해운대구 마린시티 2로 38 2동 2710호
전화 051-513-7534 | **팩스** 051-582-7535

ⓒ Hyungju Press, 2022

ISBN 979-11-977647-0-7 03470

The
FORGETTING
MACHINE

망각하는 기계

기억, 지각 그리고
"제니퍼 애니스턴 뉴런"

로드리고 퀴안 퀴로가 지음
주명진 옮김

이 책에 대한 찬사

"뇌과학의 개척자인 저자 퀴안 퀴로가는 인간의 마음에 관한 최신 지식과 문화적 지식을 매력적인 문체로 버무리고 있다. 인간의 지각과 기억이라는 수수께끼를 풀기 위한 여행을 하고 싶다면 이 책은 그 여행의 출발점이 될 것이다."

― 야딘 두다이, 이스라엘 바이즈만 과학연구소 · 미국 뉴욕대학교 교수

"로드리고 퀴안 퀴로가는 복잡하고 추상적인 개념을 대중에게 쉽게 전달하는 방법을 정말 잘 아는 몇 안 되는 계산신경과학자 중 한 명이다. 이 매력적이고 유익한 책은 기억이 뇌에서 부호화되는 방식에 관한 최신 이론을 우아한 문체로 설명한 책으로, 철학과 예술 그리고 정통 과학에 대한 저자의 폭넓은 지식이 반영되어 있다."

― 앨리슨 애봇, 〈네이처〉

"저명한 뇌과학자인 저자는 독자를 흥미진진한 시각 및 기억 탐구 여행으로 초대한다. 저자는 우리의 뇌가 과거의 장면을 조각조각 그대로 기록하지 않으며, 뇌는 우리가 살면서 하는 경험들의 매우

적은 부분밖에는 다시 떠올리지 못한다고 주장한다. 우리가 하는 일, 보는 것, 기억하는 것의 대부분은 여과 및 추론을 거친 주관적 해석의 결과이다."

— 크리스토퍼 코흐, 미국 시애틀 소재 앨런 뇌과학연구소 소장

"로드리고 퀸안 퀴로가는 뇌과학뿐만 아니라 과학 전체의 주요 탐구 과제 중 하나인 기억의 신비한 특성을 독자가 매우 알기 쉽게 기초과정부터 설명한다. 저자는 아리스토텔레스, 플라톤, 보르헤스를 인용해 뇌가 추상적인 개념들을 처리하는 방식을 설명함으로써 기초적인 감각 지각에 대한 이해를 돕는 동시에 테라바이트 수준의 휴대용 저장장치가 보편화된 시대에 기억이 인간만의 고유한 특성이라는 점을 반복하여 강조한다. 인간의 기억은 가공되지 않은 정보로부터 끊임없이 의미를 추출한다는 점에서 단순한 디지털 저장장치와는 구별된다는 것이 저자의 주장이다."

— 게리 스틱스, 〈사이언티픽아메리칸〉 수석 편집자

차례

이 책에 대한 찬사

1 우리는 어떻게 기억을 저장하는가? 9
2 우리는 얼마나 보는가? 31
3 눈은 정말 보기 위한 것인가? 49
4 우리는 얼마나 많은 것을 기억하는가? 67
5 더 많은 것을 기억할 수 있을까? 91
6 우리의 지능은 더 발전할 수 있을까? 111
7 기억의 종류 135
8 뇌는 개념을 어떻게 표상하는가? 149
9 안드로이드는 느낄 수 있는가? 169

감사의 말 197
주 201
찾아보기 221

1

우리는 어떻게 기억을 저장하는가?

■■■■■
기억의 중요성, 뉴런의 활동과 뉴런 사이의 연결 관계,
뇌 속에서 일어나는 기억 부호화 과정,
신경가소성의 작용원리,
기억 저장 용량에 관하여

추적은 끝났다. 핵전쟁 이후 미국 로스앤젤레스의 버려진 건물 옥상 위로 폭우가 쏟아진다. 안드로이드 사냥꾼 릭 데커드(해리슨 포드)가 "복제인간replicants"의 리더인 로이 배티(룻거 하우어)에서 벗어나기 위해 뒤로 힘겹게 기어간다. 몇 초 전 배티는 옥상 밑으로 떨어지는 자신의 적 데커드를 끌어올렸다. 데커드는 혼란과 공포에 질려 배티를 올려다보면서도 저항을 멈추지 않는다. 제작자가 설정한 수명이 거의 다해 죽기 직전인 복제인간 배티는 살기 위해 분투하는 데커드를 지켜보다 비둘기 한 마리를 두 손으로 잡은 다음 데커드 앞에 앉아 이렇게 말한다.

난 너희 인간들이 상상도 못할 것들을 봤다. 오리온의 어깨(역주: 오리온자리의 알파성인 베텔게우스)에서 불타오르는 우주선들, 탄호이저

> 게이트 곁의 암흑 속에서 반짝이는 C-빔들도 봤다. 그 모든 순간들이 곧 사라지겠지, 빗속의 내 눈물처럼. 죽을 시간이야.

영화 《블레이드 러너Blade Runner》[1]의 마지막 장면이다. 이 장면으로 책을 시작하는 이유는 로이 배티의 이 마지막 말이야말로 우리가 누구인지, 인간이라는 것은 무엇인지, 우리의 정체성을 만드는 것이 무엇인지에 대한 의문이 기억과 어떤 관련이 있는지 완벽하게 보여주고 있기 때문이다. 로이 배티를 다른 복제인간들과 근본적으로 구별되게 만드는 것은 기억이다. 배티의 기억은 배티가 인간이 아님에도 불구하고 배티 자신이 인간이라고 느끼게 만들며, 자신의 짧은 수명에 집착해 그 수명을 연장시키고자 하는 욕망을 느끼게 한다. 배티는 안드로이드지만, 배티의 탄식은 우리 인간이 느끼는 감정을 담고 있다. 배티의 이런 모습은 죽어서 뇌가 소멸되면 우리 자신을 구성하는 모든 기억, 영원할 것처럼 느껴지는 모든 기억들이 순식간에 없어지고, 빗속에서 흐르는 눈물처럼 망각 속으로 사라지지 않을까 생각하는 우리의 모습과 매우 닮아 있다.

《브리태니커 백과사전》은 기억에 대해 "인간의 마음속에서 과거의 경험들을 부호화하고, 저장하고, 다시 떠올리는 것"이라고 정의한다. 이 정의는 범위가 좀 작고 문제의 핵심은 거의 다루고 있지 않지만, 동시에 이 정의에 사용된 건조한 단어들은 수많은 문제들을 제기하기 때문에 매우 흥미를 끈다. 예를 들어, 이 정의에는 "인간의 마음"이라는 말이 포함되어 있다. 영화《블레이드 러너》는 필립 K 딕$^{Philip\ K.\ Dick}$이 1968년에 발표한 SF 소설의 고전 《안드로이드는 전기 양을 꿈꾸는가?$^{Do\ Androids\ Dream\ of\ Electric\ Sheep?}$》를 원작으로 한다. 이 소설에서 주인공은 이렇게 말한다. "전기로 작동하는 것들도 생명이 있어. 보잘것없긴 하지만 말이야." 정말 그럴까? 영화에 등장하는 로이 배티를 제외한다면, 안드로이드는 언젠가 우리처럼 내적인 삶과 기억을 갖게 될까? 인간이 아닌 동물이나 컴퓨터는 어떨까? 동물이나 컴퓨터에 기억이 생기면 그들은 자신의 존재에 대해 의식하게 될까? 그렇게 된다고 해도, 그들이 자신의 존재에 대해 의식한다는 것을 우리가 어떻게 알 수 있을까?《브리태니커 백과사전》의 정의에 대해 좀 더 깊게 생각해 보자. 마음이란 무엇인가? 마음은 뇌의 활동에 불과할까? 마음은 수십억 개의 뉴런들의 활동에 불과할까, 아니면 그 이상의 무엇일까? 마음이 뉴런들의 활동에 불과하다면, 뉴런들은 우리 삶에 대한 그 많은 정보들을 어떻게 다 저장하고 끄집어낼까?

  우리가 이런 의문들을 가질 때 고려해야 하는 가장 중요한 요소가 바로 기억이다. 기억은 우리의 사고 능력의 기초가 될 뿐만 아니라, 우리의 경험 내용과 우리가 오랫동안 그 경험을 보존하는 방식을 정의하기도 한다. 현재의 우리를 만든다는 것은 바로 기억이라고 할 수 있다. 내가 청력을 잃게 되어 달팽이관 이식을 받는다고 해도 나는 달팽이관 이식 전과 동일한 사람이다. 내가 심장에 문제가 생겨 인공심장을 이식받는다고 해도 나는 이식 전과 동일한 사람이다. 내가 사고로 팔 하나를 잃어 인공 팔을 단다고 해도 나는 본질적으로 나다. 이 논리에 따라 (뇌를 제외한) 내 몸의 일부가 다른 것으로 교체된다고 해도 내 마음과 기억이 그대로 보존되는 한 나는 동일한 사람이라는 결론을 내릴 수 있다.[2] 반면, 어떤 사람이 중증 알츠하이머병을 앓아 기억이 모두 사라진다면, 몸은 그대로 그 사람의 몸임에도 불구하고 사람들은 그 사람에 대해 "예전의 그 사람이 아니다."라고 말하거나 그 사람이 "이제는 여기 없다."라고 말하곤 한다. 우리가 누구인지, 따라서 우리의 존재를 구성하는 것이 무엇인지, 우리를 동물, 로봇, 컴퓨터와 구별하는 것이 무엇인지에 대한 논의에서 기억이 얼마나 중요한 위치를 차지하는지 알 수 있다.

과학은 의문에서 출발한다. 의문은 과학자들에게 영감을 주고, 과학자들의 마음을 풍성하게 만들며, 과학자들이 의문에 대한 답을 찾아 여정을 떠나도록 만든다. 또한 과학은 단지 그 여정의 목적을 달성하는 것에 그치지 않는다. 그 여정 자체가 과학이기 때문이다. 과학자에게는 계속해서 문제를 제기하고 그 문제를 해결하기 위해 끊임없이 노력을 하는 과정이 최종적인 답을 얻는 것만큼이나 중요하다. 최종적인 답을 얻는 것만이 목적이었다면 과학은 늘 좌절만을 안겨주었을 것이다. 영원히 풀 수 없을지도 모르는 수많은 문제들이 여전히 남아 있기 때문이다. 지난 몇십 년 동안 신경과학은 비약적인 발전을 이뤘다. 하지만 가장 심오하고 난해한 동시에 우리를 가장 매혹시키는 문제들은 여전히 답을 찾지 못하고 있다. 더 재미있는 것은 이런 문제들이 과학의 영역을 초월한다는 사실이다. 뉴런 활동이 우리 경험에 대한 기억을 어떻게 부호화하는지 이해하려고 노력하는 과정에서 불가피하게 우리는 자아 인식이란 무엇인지, 우리가 우리 자신을 사람으로 느끼게 만드는 것이 무엇인지 의문을 가지게 된다. 마음과 물질의 분리에 대해 생각을 하는 과정에서는 플라톤, 아리스토텔레스, 데카르트 같은 위인들과 21세기 철학자들이 끊임없이 탐구하는 주제들, 그리고 문학 작품에서 계속 등장하는 주제들에 관해 생각하게 된다. 이런 주제들은 인공지능이나 신경과학 학술회의뿐만 아니라 SF 영화에서 다뤄지기도 하며, 윤리·종교·교육 및 우리와 과학기술과의 관계 등을 아우른다.

이 책을 통해 나는 독자들에게 기억이란 주제의 광대함을 꼭 전달하고자 한다. 그 광대함 속에는 기억의 작동원리에 대한 탐구, 그리고 우리의 뇌가 《블레이드 러너》의 마지막 장면, 베토벤 교향곡 또는 어린 시절의 일을 또렷하게 기억해 내는지 알아내려고 하는 과정에서 발생하는 매력이 포함되어 있다.

· · · · ·

뇌를 일종의 블랙박스, 즉 마음과 생각을 만들어내고 필요에 따라 의식으로 불러올 수 있는 기억을 저장할 수 있는 복잡하고 신기한 장기라고 생각하는 사람들이 많다. 이 정도로만 생각해도 충분한 사람들이 있겠지만, 신경과학자 같은 사람들은 뇌의 이런 신비가 끝이 아니라 시작이라고 생각한다. 마치 아이가 라디오를 듣다 작동원리가 궁금하여 라디오 나사를 푼 다음 내부 다이얼을 돌리고 버튼을 눌러보았지만 점점 더 많은 의문을 낳게 되듯이, 결국 우리는 우리가 이해하고 있는 것이 지금도 거의 없다는 결론에 이르게 된다.

하지만 뇌에 관해서는 우리가 확실히 이해하고 있는 것들이 몇 가지 있다. 그렇다면 이제 기본적인 것, 즉 뉴런에 관한 이야기부터 해보자. 트랜지스터가 전자회로의 기초이듯이 뉴런은 뇌 기능의 기초다. 뉴런은 집합들을 이루고 있으며, 서로 연결되어 네트워크를 이루면서 우리가 보고, 듣고, 느끼고, 기억할 수 있게 해준다. 하지만 뉴런들은 어떻게 뇌의 다양한 기능들을 만들어낼까? 뉴런의 활동은 어떻게 우리가 글을 쓰고, 뛰고, 우리 존재에 대해 의식하게 만들까? 우리 신경과학자들은 매일 이 의문들에 대해 다양한 방식으로 생각한다. 아직까지 확실한 답을 얻지는 못했지만, 우리는 비교적 쉽게 이해할 수 있는 기본적인 원리들을 발견했으며 그 원리들을 기초로 이 의문들에 답을 향해 나아가고 있다.

뉴런에는 기본적으로 두 가지 상태, 즉 뉴런은 쉬는 상태에 있거나 활동전위action potential를 만들어내는 상태에 있는데 활동전위를 만들어낸다는 것은 활동-"발화firing"하고 있다는 뜻이다.[3] 트랜지스터가 회로의 다른 부분들에 전류를 전송하듯이 뉴런도 다른 뉴런들에게(축삭돌기axon를 통해) 발화 신호를 전달하고, 다른

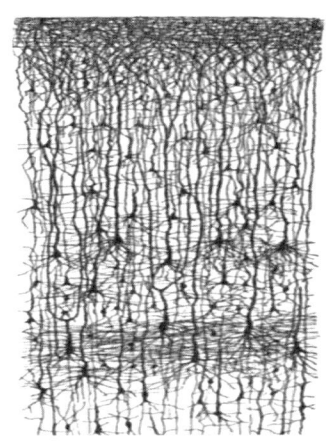

그림 1.1 뉴런 네트워크 개념도
산티아고 라몬 이 카할(Santiago Ramón y Cajal)이 그린 그림을 약간 수정했다.

뉴런들로부터(수상돌기dendrite를 통해) 발화 신호를 전달받는다. 하지만 뉴런과 전자회로의 유사성은 여기까지다. 뉴런들 사이의 접촉은 전기적 접촉이 아니라 화학적 접촉이기 때문이다. 활성화된 뉴런은 축삭의 말단terminal에서 전기를 방출하고, 이 말단은 신경전달물질neurotransmitter이라는 화학물질을 방출한다. 신경전달물질은 접합synapsis이라는 과정을 통해 다른 뉴런들의 수상돌기 내 수용체로 전달되어 다른 뉴런들 안에서 미세한 전기를 발생시킨다. 대다수 약물의 작용 방식은 이 화학 반응에 의존하는데, 실제로 진통제, 진정제, 환각제 같은 약물은 뇌 안의 신경전달물질들의 균형 상태와 뉴런이 정보를 받고 전달하는 능력을 변화시키는

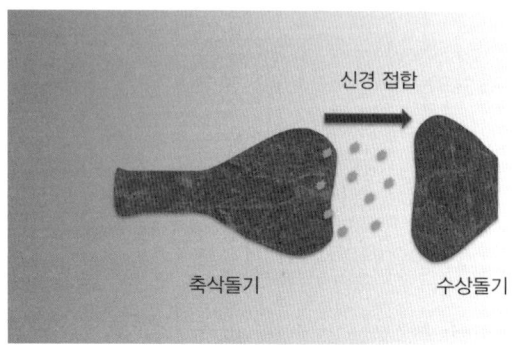

그림 1.2 신경 접합(synapsis)
뉴런의 전기 신호가 (뉴런의 축삭돌기 말단으로부터 그와 연결되는 뉴런의 수상돌기 말단으로의) 신경전달물질 분비에 의해 전달되는 과정이다.

일을 할 뿐이다. 이런 화학 반응은 도파민dopamine이라는 신경전달물질 분비에 따른 보상 메커니즘 같은 특정한 인지 과정을 이해하기 위한 열쇠가 되기도 한다. 하지만 우리에게 더 중요한 사실은 글루타민산염glutamate 같은 신경전달물질이 기억을 형성하는 뉴런 사이의 연결을 약화하거나 강화하는 데 중요한 역할을 한다는 것이다.

뉴런은 언제 발화할까? 뉴런이 다른 뉴런들로부터 받은 신호가 특정한 한계점을 넘어설 때다. 이 메커니즘은 뉴런들 사이의 연결 관계에 의해 주로 결정되는 다양한 발화 패턴을 만든다. 예를 들어, 뉴런 N은 그 뉴런과 연결된 다른 뉴런들의 활동 때문에 발화하며, 이 뉴런 N은 다시 자신의 발화 신호를 또 다른 뉴런들에게 전달한다. 이 또 다른 뉴런들 중 하나가 뉴런 N에 다시 발화 신호를 전달하면 뉴런 N은 다시 발화한다. 뉴런들로 구성되는 이런 망의 행동은 연관된 뉴런들의 종류에 활성 패턴이 정해진다. 예를 들어, 흥분성 뉴런excitatory neuron은 도파민이나 글루타민산염 같은 신경전달물질을 방출하여, (일반적으로) 신경 활동을 자극하는 반면, 억제성 뉴런inhibitory neuron은 감마 아미노뷰티르산γ-aminobutyric acid, GABA 같은 신경전달물질을 방출하여 신경 활동을 억제한다.

신경과학자 중에는 처음에 물리학자로 커리어를 시작하여 뇌 연구로 전환한 사람이 많다(나도 그 중 하나다). 물리학에서 신경과학으로 전환한 사람들이 가장 선호하는 분야 중 하나가 계산신경과학computational neuroscience으로 다양한 발화 패턴을 일으켜 뇌 기능을 복제하는 뉴런과 신경망의 활동에 대한 연구다. 이 분야의 개척자 중 한 명이 미국 프린스턴 대학 물리학 교수 존 홉필드John Hopfield로 홉필드 네트워크Hopfiled network라는 개념을 제시한 사람이다.[4] 기본적으로 홉필드 네트워크는 신경망의 무질서한 활동이 각기 다른 기억들을 나타내는 안정적인 배열configuration을 어떻게 이루는지 보여주는 모델을 제공한다. 서로 연결된 뉴런들의 망이 있다고 생각해 보자. 각각의 뉴런은 발화 상태 또는 휴식 상태에 있다. 예를 들어 "기억 A"는 "휴식, 발화, 발화, 휴식, 휴식……"(이진법으로 나타내면 0, 1, 1, 0, 0……). "기억 B"는 "휴식, 휴식, 발화, 발화, 발화……(0, 0, 1, 1, 1……)의 특정한 배열이라고 해 보자.

신경망은 초기 상태에서부터 가장 비슷한 기억을 향해 수렴한다. 예를 들어, 1, 1, 1, 0, 0……이라는 배열을 가진 신경망은 기억

그림 1.3 두 가지 서로 다른 기억의 뉴런 표상
기억 A는 회색으로 표시된 뉴런들에 해당하고,
기억 B는 검은색으로 표시된 뉴런들에 해당한다.

A보다 기억 B에 가깝기 때문에 기억 A의 패턴에 이를 때까지 계속 진화한다. 반면, 0, 0, 1, 1, 0······이라는 배열은 기억 B와 비슷하기 때문에 기억 B의 패턴에 이를 때까지 계속 진화한다. 홉필드 네트워크에 의해 초기 상태의 배열에서 가장 비슷한 기억의 배열로 수렴하는 과정은 물리학 법칙에 따라 진행된다. 여기서는 자세한 물리학적 내용은 생략하고 전체적인 개념만 살펴보자. 그림 1.4에서처럼, 우리는 신경망의 배열 상태로부터 신경망 전체의 에너지를 계산해 그래프 형태의 에너지 지형energy landscape을 만들어낼 수 있다. 이 그래프에 위치한 점 하나하나는 서로 각기 다른

배열 상태를 나타내며, 이 에너지 지형은 뉴런들 간의 연결 패턴에 의해 결정되는 에너지 최저점energy minimum에 각각의 기억들을 할당한다. 초기 배열 상태에서 마치 언덕 아래로 굴러가는 공과 같이 계속 배열을 바꿔 진화하면서 에너지를 줄이게 되고, 결국 가장 비슷한 기억에 해당하는 에너지 최저점에 이르게 된다. 이 에너지 지형에서 진화의 시작점이 되는 초기 배열은 아무것도 없는 것 같은 상태에서 기억을 소환할 때 발생하는 자연스러운 변이들의 결과이거나,《블레이드 러너》를 시청하다 릭 데커드의 얼굴을 볼 때처럼 특정한 자극에 의해 촉발된 활성화의 결과일 수 있다. 데커드의 이미지는 특정한 뉴런들을 활성화하고, 이 뉴런들이 다른 뉴런들을 다시 활성화하는 과정을 반복하면서 우리의

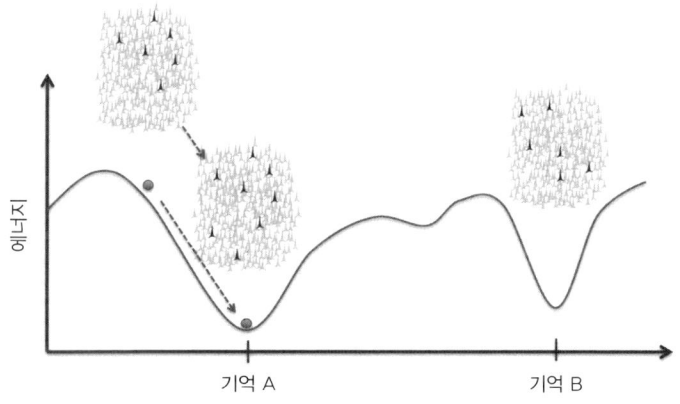

그림 1.4 홉필드 네트워크의 진화

초기 배열(왼쪽)에서 시작해 네트워크는 점차적으로 활성화 패턴을 바꾸면서 에너지를 줄임으로써 가장 비슷한 기억에 이른다(이 경우는 기억 A다).

기억 속 데커드와 닮은 표상을 찾아내는 것이다. 우리가 보는 데커드의 모습은 계속 변하기 때문에(데커드는 정면을 응시하고 있을 수도 있고, 옆모습을 보일 수도 있고, 면도를 했을 수도 있고, 다른 색깔의 옷을 입고 있을 수 있다) 초기의 표상은 현재 우리 기억에 저장한 표상과 정확하게 같지 않지만, 비슷하기만 하다면 우리 뇌 속의 신경망은 안드로이드 사냥꾼 데커드에 대한 기억에 해당하는 뉴런 배열에 이를 때까지 계속 진화한다. 우리는 우리가 아는 어떤 사람이 머리 모양을 바꾸거나 수염을 밀거나 또는 많은 세월이 지나 그 사람을 알아보지 못하는 경우가 종종 있다. 이렇게 누군가를 알아보기가 힘들어지는 것은 그 사람을 봄으로써 발생하는 활성화 패턴과 우리 기억 속에 "저장한" 그 사람에 대한 활성화 패턴의 차이 때문에 발생하는 현상이다.

홉필드 모델은 뇌가 기억을 신경 활성화 패턴으로 저장하는 방식에 대한 그럴 듯한 설명을 제공한다. 《브리태니커 백과사전》은 기억을 일종의 행동 과정으로 정의하지만, 이제 우리는 기억이 뉴런들의 물리적인 활동의 결과로 보고 있다. 바꿔 말하면, 우리는 심리학과 신경과학 사이에 다리를 놓아 뇌라는 블랙박스 안을 들여다보기 시작했다는 뜻이다.

· · · · ·

우리는 홉필드 모델이 신경망에서의 연결 관계 변화에 기초해 기억을 할당한다는 것을 살펴봤다. 하지만 뇌는 뉴런들의 연결 관계를 어떻게 바꾸는 것일까? 간단하게 생각한다고 해도, 각각의 뉴런은 1만 개가 넘는 다른 뉴런과 연결되지만, 이 모든 연결 관계가 모두 활성을 가지지는 않는다. 어떤 관계는 두 지점 사이를 빠르게 연결하는, 교통량이 많은 고속도로와 비슷하게 계속 보강이 이루어지는 반면, 어떤 관계는 차가 거의 다니지 않는 버려진 길처럼 두 지점을 연결하기는 하지만 실제로는 아무도 이용하지 않는 길과 비슷하다고 할 수 있다. 사람이나 차가 오랫동안 다니지 않게 된 길이 나중에는 결국 통행이 불가능해지듯이 거의 사용되지 않는 신경 연결도 결국은 사라질 수 있다. 따라서 신경망의 연결 관계를 바꾸는 것은 어떤 길은 막고 어떤 길로는 차들을 몰아 그 길의 교통량을 증가시키는 것과 비슷하다고 할 수 있다. 연결 관계의 이런 변화는 결국 신경망 내 뉴런들이 부호화하는 정보를 변화시킨다. 이렇게 뇌가 뉴런들의 연결 관계를 바꾸는 능력을 신경가소성neural plasticity이라고 부른다. 신경가소성은 뇌가 특정한 기억을 생성하고 저장하기 위해 사용하는 핵심 메커니즘이다.

기억이 신경 연결과 관련된다는 생각을 처음 한 사람은 19세기의 산티아고 라몬 이 카할Santiago Ramón y Cajal이었다.[5] 하지만 이 가설에 결정적인 힘을 실어준 사람은 도널드 헵Donald Hebb이었다. 지금은 신경과학의 고전 중 하나가 된 책The Organization of Behavior(1949년 출간)을 통해서였다.[6] 헵은 뉴런들이 연합해 활성화됨으로써 뉴런들 사이의 연결이 더 강해진다고 생각했다. "함께 발화하는 뉴런들은 함께 묶인다Neurons that fire together wire together."라는 말로 요약되는 생각이다. 이 생각은 매우 설득력 있는 생각이다. 뉴런 두 개가 동시에 발화한다면, 그 이유는 이 두 뉴런이 비슷한 정보를 부호화하기 때문일 가능성이 매우 높으며, 따라서 이 두 뉴런은 서로 연결되어 있으며 이 두 뉴런 사이의 연결이 강화되어 있을 가능성도 매우 높기 때문이다. 그렇다면 각각 다른 시간에 발화하는 뉴런들 사이의 연결은 약할 것이다. 이 과정을 통해 형성되는 것이 바로 헵 세포 집합체Hebbian cell assemblies, 즉 서로 다른 기억들을 표상하는 서로 연결된 뉴런들의 집합체다. 헵의 이론은 팀 블리스Tim Bliss와 테레 뢰모Terje Lømo에 의해 실험적으로 증명되었다. 이들은 뉴런들이 동시에 활성화되며 시냅스 연결을 장기적으로 강화한다는 사실을 관찰했다.[7] 뉴런들 사이의 이런 연결 강화는 장기강화long-term potentiation, LTP라고 불리며, 이렇게 강화된 연결은 반복적인 자극이 주어지는 동안 몇 주에서 몇 달까지 지속된다. 장기강화 현상은 기억의 형성과 저장의 기초가 되는 메커니즘이 존재한다는 확실한 실험적 증거라고 할 수 있다. 이 결과는 다양한 화학물질을 이용해 LTP 메커니즘을 방해한 결과 기억의 형성이 억제되었다는 다양한 실험 결과들에 의해 재확인되었다.[8]

이 정도면 우리가 제기했던 의문들 중의 하나는 답을 찾아낸 것이라고 할 수 있다. 홉필드 모델과 신경가소성 개념을 결합하면 뉴런 집합들의 활성화가 어떻게 기억을 부호화하는지 알 수 있기 때문이다. 하지만 늘 그렇듯이 의문 하나가 풀리면 다른 의문들이 생긴다. 그 의문 중 하나는 1.5킬로그램밖에 안 되는 뇌가 어떻게 그렇게 세세하게 많은 기억을 저장할 수 있는지에 관한 것이다. 이 의문을 더 분명하게 표현하면, "우리의 뇌는 그렇게 세세하고 많은 기억을 저장할 수 있을 정도로 많은 뉴런을 가지고 있는가?"이다.

■ ■ ■ ■ ■ ■

인간의 뇌에는 약 1000억 개의 뉴런이 있다. 10^{11}, 즉 0이 11개 붙은 숫자다.[9] 은하수에 있는 항성의 숫자가 2000억~4000억 개라는 사실을 생각해 보면 이 숫자가 얼마나 큰 숫자인지 짐작할 수 있다. 우리 뇌의 뉴런 하나를 모래 한 알이라고 생각하면, 이 모래알들로 화물 트럭 하나를 가득 채울 수 있다.[10] 우리 뇌 속의 뉴런 숫자를 밀도 면에서 생각해 보자. 대뇌피질 $1mm^3$ — 옷핀 머리만큼의 부피 — 안에 있는 뉴런의 숫자는 약 5만 개다. 각각의 뉴런은 다시 1만 개의 뉴런에 연결되므로 뉴런 간 연결의 수는 10^{11}의 1만 배, 즉 10^{15}이 된다. 이 숫자는 100m 길이의 해변에 있는 모래알의 숫자와 비슷하다.[11]

이 숫자들을 생각하면, 뇌는 우리의 모든 기억을 저장하는 데 아무런 어려움을 느끼지 못할 것 같다는 생각이 든다. 하지만 그렇게 생각하기에는 두 가지 문제가 있다. 첫째, 모든 뉴런이 기억 저장을 하지는 않는다. 실제로 기억 저장 기능을 가진 뉴런은 매우 소수다. 뉴런들 대부분은 시각 처리와 청각 처리, 운동 조절, 의사결정, 감정 등도 담당해야 하기 때문이다. 두 번째, 이론적으로 계산하면 한정된 숫자의 뉴런들이 저장할 수 있는 기억의 수는 한정적일 수밖에 없다. 간섭 효과interference effect 때문이다. 다시 말하면, 기억이 너무 많으면 그 기억들이 서로 엉키기 시작한다는 뜻이다. 홉필드 모델에 기초한 계산에 따르면, N개의 뉴런이 있다고 할 때 이 N개의 뉴런이 저장할 수 있는 기억의 수는(간섭 효과 배제시) 0.14N개다.[12] 따라서 뇌 내 1000억 개의 뉴런 중 단 1%만이 기억 부호화에 참여하고,[13] 저장될 수 있는 모든 기억의 수가 이 숫자의 약 14%에 불과하다면, 실제로 저장되는 기억의 수는 약 10^8, 즉 1억 개가 된다. 물론 이 숫자는 이론적인 숫자다. 실제로 기억 저장에 참여하는 뉴런은 전체 뉴런의 1%에 훨씬 못 미칠 수 있기 때문이다. 다시 말해, 뇌는 홉필드 모델에 따라 기억을 저장하지 않고 홉필드 모델보다 훨씬 덜 효율적인 시스템을 사용할 수도 있다는 뜻이다. 그렇다면 우리의 기억 용량은 훨씬 더 줄어들게 된다. 하지만 우리가 저장할 수 있는 기억의 수가 10분의 1이나 100분의 1로 줄어든다고 해도 이 숫자만 해도 충분한 숫자로 보이긴 한다.

하지만 안타깝게도 지금까지 우리가 살펴본 이론에는 한계가 있다. 뇌가 홉필느 네트워크를 이용해 하나의 추상적인 실체, 즉 기억 A나 기억 B 등을 부호화하는 메커니즘과 로이 배티가 데커드를 보면서 떠올린 기억 또는 우리가 모임에서 만난 친구들의 자세한 모습을 저장하는 메커니즘 사이에 매우 큰 차이가 있다는 한계가 있다. 우리는 기억을 통해 다시 떠올릴 수 있는 영화처럼 우리의 과거를 기억한다고 믿는다. 하지만 뇌는 어떻게 그 모든 "영화들"을 세세하게 저장할 수 있을까? 특정한 개념(기억 A나 기억 B)을 저장하는 메커니즘으로부터 뇌가 과거의 경험을 재구축하는 것처럼 훨씬 복잡한 일을 하는 과정을 어떻게 추론해 낼 수 있을까? 게다가 특정한 개념들에도 수많은 형태와 미묘한 차이가 존재한다. 빨간색 드레스를 입은 우리 엄마는 부엌에서 앞치마를 두른 우리 엄마, 노란색 티셔츠를 입고 테라스에 있는 우리 엄마와 매우 다른 모습이다. 우리는 홉필드 네트워크가 이런 엄

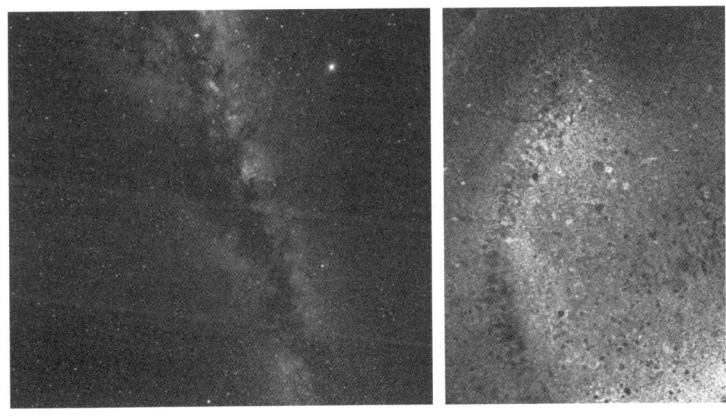

그림 1.5
인간 뇌에 있는 뉴런의 수는 은하수에 있는 항성의 수와 같은 천억대 수준이다. 은하수 사진(왼쪽)은 유럽남부천문대에서 촬영했고, 뉴런 사진(오른쪽)은 내 연구실의 줄리에타 캄피가 촬영한 것이다.

마의 모습들 중 어떤 것이라도 "우리 엄마"에 대한 기억에 부합하는 데 도움을 준다는 것을 살펴보았지만, 이런 미묘한 차이들도 하나하나가 기억으로 저장되는 것도 사실이다. 또한 이 기억들 각각은 다른 기억들 안으로 스며든다. 노란색 티셔츠를 입고 테라스에 있는 우리 엄마는 파스타를 만들거나 커피를 마시거나 바비큐 고기를 양념장에 재우고 있을 수도 있다. 이 현상은 조합적 폭발 combinatorial explosion이라는 말로 부른다. 개념 하나하나가 더 구체적인 개념들로 분화하고, 다시 그 구체적인 개념들이 수많은 더 구체적인 개념들로 분화하는 과정을 뜻하는 말이다.

그렇다면 우리는 이 모든 정보를 다 어떻게 저장하는 걸까? *이 의문에 대한 놀라운 답은 우리가 이 모든 정보를 다 저장하지는 않는다는 것이다.*(옮긴이가 꼭 강조하고 싶은 내용임) 우리는 거의 아무것도 기억하지 않는다. 우리가 과거 경험의 세세한 부분들을 상당히 많이 기억한다는 생각, 마치 영화를 다시 보듯이 기억을 떠올릴 수 있다는 생각은 환상, 즉 뇌의 구축물에 불과하다. 기억 연구의 가장 큰 비밀은 뇌가 매우 적은 정보로부터 현실을 만들어내고, 현재의 우리를 만드는 과거를 만들어낸다는 사실에 있다. 사실 이 과거, 즉 이 기억들은 매우 불안정하며, 기억을 의식으로 끌어올리는 행동만으로도 그 기억은 바뀔 수 있으며, 현재의 나를 만드는 고유하고 변화하지 않는 "자아"에 대한 나의 인식의 기초가 끊임없이 변화한다.

다음 장들에서 다룰 주제가 바로 이것이다. 하지만 우리가 기억하는 것이 얼마나 적은지 자세히 탐구하기에 앞서 외부 세계로부터 오는 정보(특히 시작 정보)를 우리가 얼마나 많이 지각하는지부터 분석해 보자.

2

우리는 얼마나 보는가?

The Forgetting Machine

■ ■ ■ ■ ■
정보 이론에 대해 소개하고,
뇌에 전송되는 시각 정보의 양을 분석하고,
눈의 해상도, 시선 추적기를 이용한 눈 운동 측정,
예술에 대한 지각에 대해 다룬다.

펜실베이니아 대학 연구팀이 다음과 같은 의문을 제기했다. 우리 눈이 수집하는 정보 중 얼마나 많은 부분이 뇌로 전달될까? 이 의문을 풀기 위해 연구팀은 기니피그에게 기니피그의 눈이 흔히 보는 자연의 모습을 담은 동영상을 보여주면서 망막 뉴런의 활동을 측정했다.[1]

 이 실험의 결과를 해석하려면 먼저 "정보"가 무엇인지 정의를 내려야 하고 그 정보가 뉴런 발화 기록을 통해 어떻게 측정되는지 이해해야 한다. 예를 들어, 특정한 시점에 기니피그에게 두 가지 물체, 즉 얼굴과 식물 중 하나만을 찍은 동영상을 보여준다고 가정해 보자. 그리고 특정한 시점에 기니피그에게 보여주는 동영상의 내용을 2진법 숫자, 즉 정보의 비트^{bit}로 나타낸다고 가정해 보자.[2] 물체가 얼굴이면 0이고, 식물이면 1이라고 치자. 이번에는 동영상의 내용이 각각 얼굴, 식물, 동물, 집의 4가지라고 생각해 보자. 이 경우 가능한 선택을 나타내려면 숫자는 2비트, 즉 이진법 숫자 2개여야 한다. 예를 들어, 00은 집을, 01은 동물을, 10은 식물을, 11은 얼굴을 나타낼 수 있다.[3] 뉴런이 이 4개의 물체에 각각 다른 강도로 반응해 발화하고 그 발화 양상으로부터 어떤 물체가 동영상에 담겼는지 구별할 수 있다. 이 경우 뉴런이 2비트 정보를 제공한다고 할 수 있다. 특정한 순간에 동영상에서 추출할 수 있는 정보와 같은 정보를 뉴런으로부터 추출할 수 있는 것이다. 예를 들어, 뉴런이 "얼굴"과 "동물"에 같은 강도로 발화하고, "집"과 "식물"에 다른 강도로 발화한다면, 발화 양상으로부터 물체의 정체를 두 그룹 중 하나로 특정할 수 있다. 이 경우 뉴런은 1비트 정보를 제공한다고 할 수 있다. 2비트 데이터를 포함하는 동영상으로부터 추출할 수 있는 정보의 반을 추출할 수 있다는 뜻이다. 이 원리를 이용해 가능한 계산 방법은 신경과학에서 널리 사용되고, 정보 이론information theory이라는 말로 불리며 20세기 중반 클로드 섀넌Claude Shannon이 정보의 부호화와 전송을 연구하기 위해 개발한 이론이다.[4]

정보 이론은 인터넷에서 스마트폰까지 다양하게 적용되며, 오늘날 정보를 비트 단위로 측정하는 하는 일은 보편화되어 있다. 비트가 8개 합쳐지면 1바이트byte로 부르는데, 원래 바이트는 ASCII 코드를 구성하는 256개 문자를 부호화하는 데 필요한 비트의 수를 나타내는 말이다. 또한 바이트는 하드디스크의 저장 용량을 나타내는 단위로도 사용된다. KB(킬로바이트, 1000 바이트), MB(메가바이트, 100만 바이트), GB(기가바이트, 10억 바이트), TB(테라바이트, 1조 바이트)의 형태로 주로 쓰인다. 컴퓨터 모니터나 디지털 이미지의 색 해상도를 나타내는 "색 깊이color depth"도 비트로 표시한다. 어떤 모니터가 (영화《매트릭스》에서 나오는 까만 화면에 초록색 글자가 표시되는 모니터처럼) 단 하나의 색깔을 이용해 픽셀pixel(화소)을 표시한다면, 이 모니터의 색 해상도는 픽셀당 1비트다. 흑백 모니터는 픽셀당 8비트(1바이트)를 사용한다. 8비트는 256가지 색조의 회색을 표현할 수 있다. 컬러 모니터는 픽셀당 24비트(3바이트)를 사용한다. 1바이트(8비트)가 기본색(빨강, 초록, 파랑) 중 하나를 표현할 수 있고, 기본색 하나는 다시 256가지 색조로 표현될 수 있다.[5]

그림 2.1(36쪽)은 각각 해상도가 다른 클로드 섀넌의 사진 4종류를 보여준다. 왼쪽 위의 사진은 1비트 색 해상도의 30×30 픽셀 격자로 구성된 사진으로 가장 적은 정보를 가지고 있다($30 \times 30 \times 1 = 900$비트). 이 사진으로는 인물의 윤곽을 거의 알아보기 힘들다. 오른쪽 위의 사진은 300×300픽셀 격자로 구성된 사진으로, 인물의 구체적인 부분들을 알아보기가 더 쉬워진 상태다. 이 사진에 있는 정보는 $300 \times 300 \times 1 = 900$비트, 즉 10KB 정도다. 아래쪽 사진 두 장도 바로 위에 있는 사진 각각과 픽셀 수는 같다. 하지만 아래 사진들에서는 각 픽셀이 8비트의 색 해상도를 가지고 있다. 오른쪽 아래 사진은 72만 비트의 정보($300 \times 300 \times 8$), 즉 0.1MB의 정보를 가지고 있다. 이 사진에서는 섀넌의 얼굴을 확실

그림 2.1

30×30 픽셀들로 구성된 클로드 섀넌의 사진(왼쪽 위아래 사진).
300×300 픽셀들로 구성된 클로드 섀넌의 사진(오른쪽 위아래 사진).
위의 두 사진은 픽셀당 1비트의 색깔(흑백)을 사용했으며, 아래의
두 사진은 픽셀당 8비트의 색깔(256가지 색조의 회색)을 사용했다.

하게 알아볼 수 있다.

이제 용어들에 대한 설명이 끝났으니 펜실베이니아 대학 연구팀의 실험으로 돌아가 우리가 원래 하려고 한 질문을 해보자. 눈은 얼마나 많은 정보를 뇌에 전달하는가? 정보 이론을 이용해 동영상에 관한 정보를 뉴런들이 얼마나 많이 갖게 되었는지 계산한 결과, 연구팀은 시신경을 통해 뇌로 정보를 전달하는 망막 신경절 뉴런ganglion retina neuron이 평균 초당 6~13 비트의 정보를 부호화한다는 결론을 내렸다. 기니피그 망막에 약 10만 개의 신경절 뉴런이 있으며 이 뉴런들 하나하나가 독립적으로 정보를 부호화한다고 가정하면, 기니피그의 뇌는 초당 약 100만 비트의 정보를 받는다고 생각할 수 있다. 그렇다면 인간의 눈에는 기니피그의 눈에 있는 신경절 뉴런의 10배에 이르는 신경절 뉴런이 있기 때문에 인간의 눈은 초당 약 1000만 비트의 정보, 즉 10Mbps의 정보를 뇌에 전송한다고 추산할 수 있다. 10Mbps라는 숫자는 매우 눈에 익은 숫자일 것이다. 표준 이더넷Ethernet(컴퓨터 네트워크 기술의 하나로, 일반적으로 LAN, MAN 및 WAN에서 가장 많이 활용되는 기술 규격)의 정보 전송 속도이기 때문이다.

이 결과에 대해 좀 더 생각해 보자. 뇌로의 시각 정보 전송은 초당 약 1메가바이트MB의 속도로 일어난다. 그렇다면 우리가 보통 하루에 16시간 정도 깨어있다고 생각할 때 우리 뇌가 하루에 받는 정보량은 57.6GB가 된다(3600초×16시간×1MB). 바꿔 말하면, 2주 반마다 1테라바이트 용량의 하드디스크를 우리 뇌가 받는 시각 정보로 가득 채울 수 있다는 뜻이다. 하지만 눈은 눈에 보이는 모든 것을 뇌로 전송할까?

■ ■ ■ ■ ■

스티브 잡스가 애플의 최신제품 아이폰 4를 소개하는 프레젠테이션을 했을 때의 일이다. 이 제품의 주요 특징 중 하나가 바로 인치당 326 픽셀(326ppi)의 해상도를 가진 "레티나^{Retina}(망막)" 디스플레이였다(현재는 아이패드에서 맥북에 이르는 애플의 모든 제품에 사용된다). 잡스는 이 레티나 디스플레이가 이전 모델인 아이폰 3의 디스플레이의 해상도의 4배가 넘으며, 300ppi가 넘는다는 말은 아이폰 4로 약 30*cm* 거리에서 사진을 찍었을 때 인간의 망막으로 도달할 수 있는 최대치의 해상도에 이르는 사진을 찍을 수 있다고 설명했다. 바꿔 말하면, 인간의 눈은 사물과의 거리가 약 30*cm*일 때 최대 300ppi의 해상도로밖에 개개의 픽셀을 구별할 수 없다는 뜻이다.[6] 내가 연구실에 있는 화이트보드에서 30*cm* 떨어져 서 있다면, 주어진 점에 집중했을 때 내가 볼 수 있는 시야각$^{field\ of\ view}$(시야의 범위와 각도)은 약 가로 30인치(75*cm*), 세로 20인치(50*cm*)다. 따라서 이론적으로 내 눈이 내 시야각에서 지각할 수 있는 픽셀의 수는 54메가픽셀(30인치×300ppi×20인치×300ppi=54,000,000 픽셀)이다. 이 해상도는 아이폰 4의 디지털 카메라 해상도의 약 10배다. (내가 "이론적으로"라고 말한 이유는 계산에 결함이 있기 때문인데, 이에 대해서는 나중에 자세히 설명할 예정이다.) 물론 내가 30 cm 보다 더 멀리 서 있으면 시야각은 넓어진다. 하지만 이렇게 시야각이 넓어지면 거리 증가로 인해 해상도가 떨어진다. 앞에서 살펴본 것처럼, 픽셀 각각의 색깔은 3바이트(24비트)를 사용한다. 따라서 54메가픽셀은 54×3=162MB의 메모리에 해당한다. 이미지 연속성에 대해서도 생각해 보자. 일반적인 디지털 비디오 카메라는 초당 30프레임을 담는다. 프레임(이미지 하나)당 162MB이므로 초당 30프레임이면 내 눈이 1초에 처리하는 정보는 약 4.8GB가 된다. 이 숫자가 끝자리까지 정확한지는 별로 중요하지 않다. 중요한 것은 숫자의 규모다. 초당 기가바이트 수준의 정보가 처리된다는 사실이 중요한 것이다. 펜실베이니아 대학 연구팀에 따르면 눈이 뇌에 전송하는 정보는 초당 약 1메가바이트였다는 사실을 기억하자. 이는 이론적으로 볼 때 눈이 뇌로 전송하는 정보와 뇌에 도달하는 정보의 양이 1000배 이상 차이가 난다는 뜻이다. 바꿔 말하면, 뇌는 시야각에 있는 정보의 약 1000분의 1밖에 "보지" 못한다는 뜻이다.

 이렇게 엄청난 차이가 나는 이유는 무엇일까? 우리의 계산이 틀린 걸까?

 앞에서 계산한 숫자들은 수학적으로는 모두 정확하다. 하지만 이 숫자들이 나오게 된 계산은 눈이 시야각 전체에 있는 사물들을 모두 동일하게 300ppi의 해상도로 처리한다는 전제하에 이뤄진 것이다. 눈이 동일한 해상도로 항상 유지한다고 가정하면 나는 내 앞에 있는 모든 사물을 아주 세세하게 볼 수 있어야 한다.

아니면 최소한 내가 그럴 수 있다고 생각이 들어야 한다. 하지만 외부세계를 세세하게 볼 수 있다는 생각은 환상, 즉 뇌가 만들어 낸 구축물에 불과하다. 실제로 우리가 세세하게 보는 것은 우리의 시선의 중심에 있는 것밖에 없다. 시선의 중심은 1~2도 정도의 시각視角, visual angle 안에 있다. 사물을 또렷하고 예리하게 볼 수 있게 해주는 것은 우리의 망막의 중심에 있는 $2mm$가 채 안 되는 움푹 들어간 부분, 즉 중심와fovea다. 이 중심와가 또렷하게 볼 수 있게 해주는 넓이는 팔을 쭉 앞으로 뻗었을 때 보이는 엄지손톱의 크기와 비슷하다.

  이 사실은 매우 놀랍지만, 쉽게 증명할 수 있다. 두 팔을 앞으로 쭉 뻗어 양손의 엄지손톱들이 보이도록 엄지손가락을 나란히 세운 다음 두 엄지손톱 중 하나에 시선을 집중하면 다른 엄지손톱이 거의 보이지 않는다는 것을 알 수 있다(의심이 든다면 두 엄지손톱에 글자를 쓴 다음 시선을 집중하지 않은 엄지손톱에 있는 글자를 읽어보려고 시도해 보면 된다.) 또한, 시선은 엄지손톱 하나에 계속 집중시킨 채 다른 팔을 옆으로 몇 센티미터 움직여 보면 이 팔의 엄지손톱은커녕 엄지손가락도 자세히 보이지 않게 된다는 것을 알 수 있을 것이다. 그렇다면 우리가 우리 앞의 세상을 너무나 선명하게 보는 것은 어떻게 설명할 수 있을까? 이런 착각은 우리의 눈이 끊임없이 양옆으로 움직이기 때문에 생기는 것이다. 이 무의식적인 움직임을 단속적 신속안구운동saccade(홱 보기)이라고 부른다.

  단속적 신속안구운동은 시선추적eye tracking이라는 기술로 측정할 수 있다. 현재 사용되는 시선추적기는 동공의 위치에 기초해 실험대상자가 눈을 어떻게 움직여 시선을 정확하게 어디에 위치시키는지 기록하는 카메라 형태를 띠고 있다.

그림 2.2(42쪽)에서 시선추적기가 기록한 이미지를 보면 십자선의 중심이 망막의 중심와에 투사되는 이미지의 크기, 즉 우리가 선명하게 볼 수 있는 부분에 일치한다는 것을 알 수 있다. 중심와의 해상도가 높은 것은 광수용체photoreceptor가 중심와에 집중적으로 몰려 있기 때문이다. 중심와로 투영되는 약 1.5도의 시각 범위 밖에서 수집되는 외부 정보는 훨씬 더 해상도가 낮다. 중심와로 투영되는 사물들보다 더 많은 것을 "선명하게" 본다는 느낌을 우리에게 주기 위해 우리 눈은 초당 약 3회의 단속적 신속 안구운동을 통해 시야각 안에 있는 물체들을 스캔한다.

이 현상은 또 다른 의문을 품게 한다. 왜 그런지는 간단한 실험을 해보면 알 수 있다. 눈을 감은 다음 1초 동안 눈을 뜨고 다시 눈을 감는 것을 반복해 보자.

눈을 깜빡일 때마다 우리는 3회의 단속적 신속 안구운동을 한다. 작은 동전 크기 정도의 영역만을 자세히 본다는 뜻이다. 이 영역 밖의 나머지 부분은 흐리게 보인다. 우리는 우리 앞에 있는 모든 것을 자세하게 볼 수 있다고 생각하지만 실제로는 그렇지 않은 것이다. 우리가 이런 생각을 하게 되는 것은 뇌가 일으키는 기적 중 하나이자, 신경과학자들을 골치 아프게 만드는 수수께끼 중 하나다. 예를 들어, 우리는 얼굴을 볼 때 그 얼굴의 특징들 모두에 집

그림 2.2
시각추적기는 고글에 카메라를 장착한 형태를 띤다. 동공의
위치를 기반으로 시각추적기는 실험대상자가 시야각 안에서
어디를 보는지 계산(아래 그림의 십자선 부분)한다.[7]

중한다고 생각한다. 하지만 실제로는 그렇지 않다. 우리 눈은 몇 몇 특정한 점들에만 잠깐 머물고 나머지 정보는 모두 뇌가 "채우는" 것이다. 이 효과는 러시아의 저명한 심리학자 알프레드 야르버스Alfred Yarbus가 1960년대에 발견했다.[8] 그림 2.3에서 보듯이, 야르버스는 우리가 얼굴을 살펴볼 때 가장 눈에 띄는 부분인 눈 그리고 코, 입의 윤곽선에 집중한다는 것을 보여줬다.

또한 야르버스는 우리가 보는 것이 우리가 하는 일에 큰 영향을 받는다는 것도 보여줬다. 우리가 하는 일은 의식적 그리고 무의식적 요인들을 통해 우리의 관심의 중심을 결정하기 때문이라는 설명이다. 무의식적 요인들은 정보의 중요도와 관련이 있다. 바꿔 말하면, 무의식적인 요인들은 어떤 정보가 주변에 있는 정보에 비해 얼마나 두드러지는지와 관련이 있다는 뜻이다. 예를 들어, 회색 티셔츠를 입은 사람들 가운데 오렌지색 티셔츠를 입은 사람이 있다면 확실히 눈에 띌 것이다. 주변의 차들이 모두 주차되어 있는 상태에서 혼자 달리는 자동차도 눈에 확 띌 것이다. 반면, 의식적인 요소들은 우리가 어떤 장면을 살펴볼 때 우리의 관심을 끄는 것과 관련이 있다. 예를 들어, 축구 경기가 끝날 무렵 수많은 관중 속에서 동생을 찾는다고 가정해 보자. 동생은 자신이 응원하는 구단의 티셔츠를 입고 있다. 이때 내 주의는 지나가는 자동차나 주변의 건물들에 집중되는 것이 아니라, 사람들, 특히 동생이 응원하는 구단의 티셔츠를 입은 사람들에게 집중될 것이다. 만약 동생과 내가 경기 후에 근처 카페나 동생 차 앞에서 만나기로 했

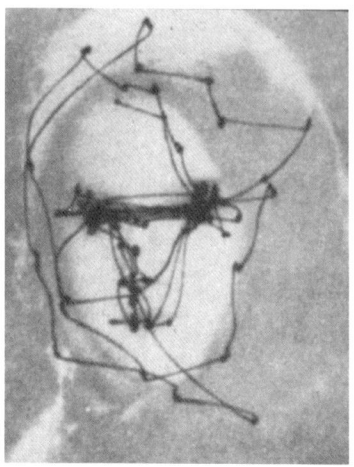

그림 2.3
여성의 얼굴과 반 고흐의 자화상을 볼 때 시각이
고정되는 부분을 추적한 사진(출처: 야르버스)[9]

다면 내 시선은 가게들의 간판이나 주차된 차들에 집중될 것이다.

시각 고정 패턴을 보여주는 그림 2.3을 보고 나니 약간 다른 이야기를 하고 싶어진다. 파리 오르세 미술관에 소장된 반 고흐의 자화상은 내가 가장 좋아하는 그림 중 하나다. 미술은 매우 주관적이며 보는 사람에게서 매우 다양한 감정을 끌어낸다.[10] 나는 이 그림을 볼 때마다 그림 2.3에서처럼 반 고흐의 눈을 쳐다보면서 감탄을 하곤 한다.

미술이 우리에게 깊은 영향을 미치는 이유는 무엇일까? 왜 우리는 어떤 장면을 찍은 사진을 볼 때는 그렇지 않은데 그 장면을 그린 그림에는 감동을 받아 눈물을 흘리기까지 하는 것일까? 미술 작품과 현실은 여러 가지 측면에서 다르지만, 여기서는 우리의 주제와 관련 있는 측면에 대해 말해 보자. 일단 사진은 이미지 전체의 해상도가 균일하다. 사진이 300ppi로 구성된다고 가정하면 그 사진의 해상도는 사진 중심부와 사진 가장자리에서 모두 같다. 사진 중심부가 인물의 특징을 나타내고 가장자리는 배경을 나타내지만 해상도는 모두 같다. 우리는 사진을 볼 때 의식적으로든 무의식적으로든 어떤 부분을 볼 것인지 결정하며, 사진에 찍힌 모든 영역은 원칙적으로 해상도가 같다. 반면, 그림에서는 화가가 어떤 부분은 매우 세세하게 묘사하고 어떤 부분은 대충 윤곽만 그린다. 화가는 색의 대비와 구성을 부분에 따라 다르게 하거나 캔버스의 질감을 이용해 시선이 집중되는 부분을 자신의 의지대로 변화시키기도 한다. 바꿔 말하면, 화가는 우리의 시각 탐험 패턴에 영향을 미쳐 우리가 어떤 부분은 자세하게 보고 어떤 부분은 대충 보게 만든다. 이렇게 함으로써 화가는 주관적으로 장면을 그림에 담아 그 장면에서 자신이 받은 시각 인상과 자신이 느낀 감수성을 우리에게 전달한다. 화가의 이런 작업은 사진이 정확하게 장면을 재현하는 것 이상의 의미를 지닌다. 미술 작품에서 감성이 느껴지는 다양한 이유 중 하나가 여기에 있다. 내가 지금 언급한 내용은 내 친구인 화가 마리아노 몰리나Mariano Molina가 그린 〈시선의 중심Center of Gaze〉이라는 작품을 보면 잘 이해할 수 있다.[11] 이 작품에서 화가는 보는 사람의 눈이 캔버스의 특정 부분에 집중하도록 만든다. 이 그림에서 시선의 중심은 그림의 "초점"이 있는 부분으로 집중하도록 만드는데, 매우 세밀하게 묘사되어 있고 시선의 중심은 시선추적기로 추적해 보면 보는 사람의 시선 대부분이 고정되는 부분이라는 것을 알 수 있다. 이 부분은 눈의 움직임을 사로잡는 동시에 캔버스에 움직임을 불어넣는다. 화가는 이 작품의 소재가 된 사진에서는 느낄 수 없었던 움직임을 머릿속에서 생각해 그림에 불어넣은 것이다.

이제 이번 장의 중심 주제로 다시 돌아가 보자. 우리는 얼마나 보는가? 앞에서 언급했던 내용들을 정리해 보면 이렇다. 눈이 뇌에 전달하는 정보는 우리의 시야각에 존재하는 정보의 1000분의 1 수준에 불과하다(우리 눈은 기가바이트 수준의 정보를 흡수하지만 뇌로 전달되는 양은 메가바이트 수준이다). 하지만 이 차이는 우리가 망막의 중심와에 투사된, 우리의 시야각의 중심에 있는 물체들만 세

그림 2.4
〈시선의 중심(Center of Gaze)〉(마리아노 몰리나,
캔버스에 아크릴 물감)을 볼 때 나타나는 시각 고정 패턴.

세하게 관찰할 수 있다는 사실을 감안하면 설명이 된다. 현재로서 이 추정치들이 의미가 있는 이유는 뇌의 기본적인 작동 방식을 잘 설명하기 때문이다. 스티브 잡스가 아이폰 4를 발표할 때 했던 말을 다시 생각해 보자. 12인치(약 30㎝) 거리에서 눈의 해상도는 약 300ppi다. 눈이 주변으로부터 받는 정보의 양을 계산하기 위해 시야각의 나머지 부분을 무시하고 망막 중심와로 들어오는 정보만 계산해 보자. 12인치 앞에서 사물들을 본다고 할 때 중심와 영역은 지름 0.3인치 정도의 원에 해당한다. 따라서 중심와를 통해 눈에 들어오는 정보는 $\pi \times 0.15^2$(중심와의 넓이)$\times 300^2 = 6361$픽셀이다. 이 숫자를 바이트로 다시 바꿔보자. 픽셀 하나가 3바이트의 색 정보를 가지고 있고, 우리는 초당 30프레임의 속도(일반적인 비디오카메라의 촬영 속도)로 정보를 수집하기 때문에, 중심와를 통해 수집되는 정보는 초당 약 0.5MB가 된다. 이 숫자는 펜실베이니아 대학 연구팀에 추산한 눈이 뇌에 전달하는 정보량인 초당 1MB에 근접한다. 눈이 중심와 주변 영역을 통해서도 (해상도가 낮긴 하지만) 정보를 받는다는 사실을 감안하면 이 두 추산치는 훨씬 더 서로 가까워진다.

우리는 뇌가 시각 정보를 처리하는 방식에 대해 지금까지 많은 것을 이해하고 있다. 하지만 우리가 알아내지 못한 핵심적인 부분이 여전히 남아있다. 지금까지 우리는 시야각에 있는 픽셀들의 부호화와 전송에 대해 이야기했지만, 사실 인간의 시각은 이보다는 훨씬 복잡한 방식으로 작동한다. 다음 장에서 할 이야기가 바로 이것이다.

3

눈은 정말 보기 위한 것인가?

.....

망막의 정보 처리 방식, 감각과 지각의 차이점, 무의식적 추론,
성인이 되어서 시력을 다시 찾은 시각장애인의 사례,
지각과 기억의 관계에 대하여

카메라에서처럼 동공을 통과하는 이미지는 안구 뒤쪽의 렌즈에 의해 초점이 맞춰진다. 이 렌즈가 바로 망막이다. 카메라와 눈이 비슷한 것은 여기까지다.

인간의 망막에서 시각 정보는 원추세포cone와 간상세포rod 두 가지 광수용체에 의해 포착된다. 인간의 눈 하나에는 1억 2000만 개의 간상세포가 있으며 어두운 곳에서 볼 수 있게 해준다. 간상세포는 빛에 극도로 민감하며 망막의 둘레 부분, 즉 중심와의 바깥쪽에 집중적으로 분포한다. 간상세포는 색깔을 분해할 수 없다 (우리가 어두운 곳에서 색깔을 볼 수 없는 이유다). 이에 비해 원추세포는 수가 훨씬 작다. 약 600만 개 정도이며 주로 중심와에 분포한다. 원추세포는 적색, 녹색, 청색에 민감하며 우리 시야의 중심에 있는 물체들을 또렷하게 볼 수 있게 해주고 그 물체들의 색깔을 볼

3장 눈은 정말 보기 위한 것인가? ■ 51

수 있게 해준다. 간상세포와 원추세포가 수집하는 정보는 두극세포bipolar, 수평세포horizontal 무축삭 뉴런amacrine neuron을 통해 망막 신경절 뉴런(2장에서 살펴본, 시각 정보를 뇌에 전달하는 수백만 개의 세포)으로 전달된다. 그렇다면 왜 우리에게는 이렇게 뉴런이 많고 그 종류도 다양할까? 왜 우리에게는 광수용체가 1억 2600만 개나 있을까? 광수용체가 수집하는 정보를 거르는 망막 신경절 뉴런은 100만 개밖에 안되는데 말이다. 또한, 우리가 앞에서 살펴봤듯이, 중심와로 투영되는 이미지의 해상도는 약 6000 픽셀밖에 안 되는데, 이 정도의 정보를 처리하기 위해 원추세포가 600만 개나 존재한다는 것도 말이 안 되는 것 같다.

 답은 망막이 이미지를 구성하는 픽셀들을 단순히 재현하는 방식으로 시각 정보를 처리하거나 전달하지 않는다는 사실에 있다. 실제로 망막은 눈이 아닌 뇌에 의한 이미지 표상representation을 일으키게 되는 정보를 전달한다. 이상하게 들릴지 모르지만, 눈은 보지 않는다. 뇌가 보는 것이다. 그렇다면 왜 망막에는 그렇게 많은 뉴런이 있을까? 답은 이렇다. 망막은 우리가 보는 것들에서 우리가 의미를 추출하게 해주는 과정의 출발점이기 때문이다.

■ ■ ■ ■ ■

 망막 내 시각 처리의 기본 원리 중 하나를 발견한 사람은 1950년대의 스티븐 커플러Steven Kuffler라는 학자다. 커플러는 고양이에게 빛을 쏜 다음 신경절 뉴런 활동을 측정했다. 이 신경절 뉴런들의 일부(중심 부분on-center 뉴런)는 고양이의 시야각(수용 영역receptive field) 안에 위치한 자극에 반응해 빠르게 발화했지만, 가장자리 부분에서 자극이 나타나면 반응이 줄어들었다. 다른 신경절 뉴런들(주변 부분off-center 뉴런)은 반대의 행동을 보였다. 가장자리에서 나타난 자극에 반응하고 중심부에서 자극이 나타나면 발화를 멈췄다. 이른바 중심-주변 구조center-surround organization가 바로 이 현상을 설명하는 말이다.[1]

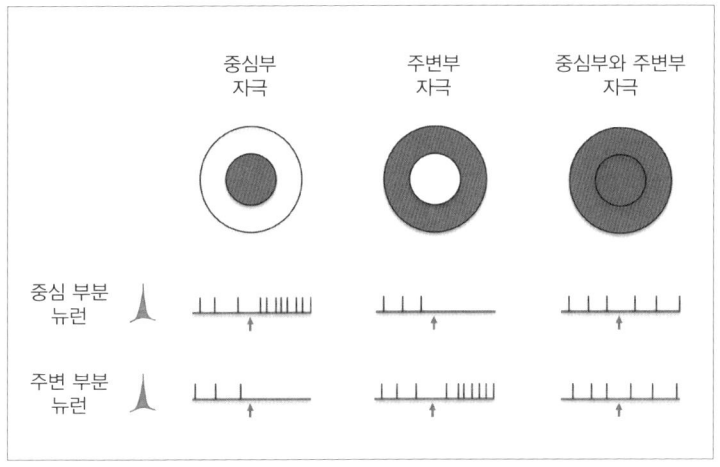

그림 3.1 망막 신경절 뉴런의 중심-주변 구조
중심 부분 뉴런은 중심부 자극에 반응하지만 주변부가 자극되면 발화를 멈춘다. 반면, 주변 부분 뉴런은 주변부가 자극 받으면 활성화하고 중심부가 자극 받으면 활동을 멈춘다. 중심부와 주변부를 모두 자극하면 효과는 서로 상쇄되어 이 두 종류의 뉴런 활동은 변하지 않는다. 각각의 예에서 위로 향한 화살표는 자극이 가해지는 시점을 나타낸다.

망막 내 다양한 종류의 뉴런 분포와 그 뉴런들 사이의 다양한 연결 관계에 따라 나타나는 중심-주변 구조는 단순히 픽셀 비트맵을 통해 빛의 존재 또는 부존재만을 설명하는 수준을 넘어 음영의 대비, 즉 뇌는 빛의 변화와 수용 영역의 중심과 주변부 사이의 차이에 대한 정보를 받게 되는 것이다. 이 방식은 정보를 전송하면서 중요한 부분에만 집중하고 그렇지 않은 부분은 버리기 위한 매우 기발한 방식이다. 예를 들어보자. 거실 벽지를 쳐다볼 때 나는 거실 벽지에 무의미한 무늬들의 픽셀 하나하나에 대한 정보를 부호화할 필요가 없다. 그런 일에 내 에너지를 쓰는 것은 우스운 일일 것이다. 나는 벽지의 색깔이 부분적으로 조금씩 다르다는 것을 창문 근처의 빛을 통해 희미하게 감지할 뿐이다. 반면, 나는 거실 벽에 걸린 그림의 존재가 만드는 벽지와의 대조는 확실히 감지한다. 그림 안에서 보이는 색깔들의 정교한 대조 또한 확실하게 감지한다. 이 현상이 바로 중심-주변 구조에 의한 것이다. 그림 3.2를 보면서 생각해 보자. 배경 색의 변화에 따라 가운데에 있는 막대 부분의 색이 왼쪽으로 갈수록 옅게, 오른쪽으로 갈수록 짙게 보인다. 하지만 실제로는 막대 전체가 같은 색이다. 이 효과는 망막이 절대적인 색깔을 감지하는 것이 아니라 색의 대비를 감지한다는 사실을 잘 보여준다.[2]

앞장에서 우리는 시각 정보를 선택하는 방법 중 하나가 단속적 신속인구운동을 통해 우리의 주의를 끄는 물체에 시각(그리고 수백만 개 뉴런으로 이뤄진 중심와)의 초점을 맞추는 방법이라는 사실

그림 3.2 대비로 인한 착시
배경 색과의 대조 때문에 막대기의 오른쪽 부분은 왼쪽 부분보다 어둡게 보인다. 실제로 막대기 전체는 같은 색이다.

을 살펴봤다. 이제 우리는 중심와 자체에 중심-주변 구조에 기초한 2차적인 정보 선택 메커니즘이 있다는 것도 알고 있다. 단속적 신속안구운동과 중심-주변 구조라는 두 가지 메커니즘은 시각의 기본적인 원리 중 한 부분을 분명하게 보여준다. 시각은 카메라처럼 작동하지 않는다. 오히려 뇌는 의미를 추출하기 위해 매우 적은 양의 정보를 선택해 그 정보를 반복적이고 병렬적으로 처리한다. 이 과정은 대뇌피질에서 계속되며, 대뇌피질 내 일차 시각영역 V1에는 망막에서 정보를 전송하는 각각의 뉴런에 대응하는 뉴런들이 수백 개가 있다.[3] 카메라는 각각의 시각 정보 조각들을 동일한 해상도로 저장하지만, 시각은 카메라와 달리 방향성이 매우 분명하다. 시각은 이미지를 충실하게 전달하기 위해서가 아니라, 의미를 전달하기 위해 중요한 정보를 포착하는 데 집중한다. 예를 들어, 나는 어떤 동물의 노란 갈기를 볼 때 그 동물의 갈기를 이루는 수천, 수만 개의 털 각각의 구체적인 형태를 구분하는 데는 전혀 관심이 없다. 나는 이 동물이 호랑이인지 빨리 파악하고 도망가고 싶을 뿐이다. 이 점으로 미루어볼 때 뇌의 시각 정보 처리는 컴퓨터의 이미지 처리보다 훨씬 복잡하고 정교하다고 할 수 있다. 뇌의 정보 처리 과정은 수백만 년 동안 진화가 계속된 결과이기 때문이다.

■ ■ ■ ■ ■

우리가 주의를 끄는 물체에 시선을 고정하면서 정보를 선택하는 과정, 즉 우리 뉴런들이 어떻게 대조적인 특징들을 부호화하면서 비슷한 요소들은 무시하는 과정이 밝혀진 지는 몇십 년밖에 되지 않는다. 하지만 우리가 눈을 통해 받는 정보에 기초해 현실을 구축하는 방식에 대한 대체적인 이론, 그리고 감각sensation(감각기관에 물리적 자극)과 지각perception(물리적 자극에 대한 해석)의 차이에 관한 이론은 그보다 훨씬 전에 등장했다. 2000여 년 전 아리스토텔레스는 마음은 감각을 통해 수용되는 정보를 가지고 생각의 기초인 이미지를 만들어낸다고 주장했다. 아리스토텔레스가 《영혼론De Anima》에서 감각 정보의 처리에 관해 언급한 부분을 살펴보자.

생각은 지각과 다르며, 부분적으로 상상의 일부, 판단의 일부라고 생각된다. (……) 하지만 우리의 상상은 그 상상에 대해 동시에 이뤄지는 판단이 옳다고 해도 틀린 경우가 종종 있다. 예를 들어, 우리는 태양이 실제로는 우리가 사는 땅을 모두 합친 것보다 더 클 것이라고 확신하면서도 마음속으로는 태양의 지름이 발 크기 정도 되는 원 모양이라고 상상한다. (……) 생각하는 영혼에게 이미지는 지각의 일부 역할을 한다(그리고 지각이 이미지를 좋은 것이라고 긍정하거나 나쁜 것이라고 부정할 때 지각은 그 이미지를 추구하거나 피한다). 영혼이 이미지 없이 생각할 수 없는 이유가 여기에 있다.

— 아리스토텔레스, 《영혼론》

이런 이미지(아리스토텔레스의 생각을 중세에 되살린 토마스 아퀴나스 Thomas Aquinas에 따르면 영혼ghost)는 현실에 대한 우리의 해석, 즉 세세한 것들을 제거하고 의미를 추출하여 개념을 만들어낸다. 이집트의 천문학자 프톨레마이오스Ptolemy와 중세 이슬람 과학자 알하젠Alhazen(이븐 알 하이삼Ibn al-Haytham으로도 불리며, 근대 광학의 아버지로 평가된다)도 아리스토텔레스와 비슷한 방식으로 감각과 지각을 구분했다. 또한 외부 현실과 그 현실에 대한 우리의 지각이 차이가 난다는 생각은 관념론idealism의 핵심이자 현대 철학의 근간이다. 현실에 대한 자신의 지각을 의심하는 방법으로 절대적인 진실을 추구한 데카르트Descartes로부터 시작한 현대 철학은 주관적인 지각의 가치를 과대평가한 영국의 경험론자들(로크Locke, 버클리Berkeley, 흄Hume)로 이어지며, 초월적 관념론transcendental idealism을 주장한 칸트Kant로 다시 이어진다. 칸트는 우리가 사물에 대한 표상만을 알 수 있으며, "사물 그 자체Das Ding an sich"는 결코 볼 수 없다고 주장했다.[4]

여기서 반드시 언급해야 하는 사람이 있다. 신경과학이 존재하기도 전인 19세기 후반에 뇌가 감각이 제공하는 매우 적은 정보로부터 의미를 추출하는 방식을 자세하게 묘사한 헤르만 폰 헬름홀츠Hermann von Helmholtz다.[5] 특히 헬름홀츠는 눈이 수집하는 정보가 매우 적으며, 뇌는 무의식적 추론unconscious inference을 통해 우리가 보는 것에 의미를 부여한다는 것을 관찰했다. 아리스토텔레스, 아퀴나스 그리고 특히 경험론자들처럼 헬름홀츠는 우리가 현실, 즉 외부 사물들의 복제물을 보는 것이 아니라, 우리는 기호sign, 즉 우리 뇌 안에서 만들어진 구축물을 본다고 주장했다. 이 기호는 현실과 비슷할 필요가 없으며 나아가 내가 사물에 대해 만드는 표상이 사물 자체와 비슷할 필요가 없는 것이다. 내가 매번 어떤 사물을 볼 때마다 동일한 표상을 가지게 되면 충분하기 때문이다. 헬름홀츠는 이에 대해 다음과 같이 썼다.

> 우리 주변의 공간에 있는 사물들은 우리의 감각의 특징들을 가지고 있는 것으로 보인다. 이 사물들은 빨간색일 수도 초록색일 수도 있으며, 차갑거나 뜨거울 수 있으며, 냄새가 나거나 맛이 있을 수 있을 것이다. 하지만 이런 감각의 특징들은 오직 우리의 신경계에만 속해 있으며, 우리 주변의 공간으로는 전혀 확장되지 않는다. 하지만 우리가

> 이 사실을 아는데도 환상은 계속 존재한다.
>
> — 헤르만 폰 헬름홀츠,
> 《지각에 관한 사실들 The Facts of Perceptions》, 1878년

무의식적 추론으로부터 얻은 지식에 헬름홀츠가 부여하는 가치는 영국의 경험론자들의 생각과 연관된다. 경험론자들은 마음이 타불라 라사 tabula rasa(라틴어로 "깨끗한 석판"을 뜻한다.)이며, 우리는 경험과 오감을 통한 지각을 통해 얻은 지식을 이 타불라 라사에 기록한다고 생각한다. 헬름홀츠는 우리가 손가락으로 사물을 만질 때 느끼는 극도로 모호한 감각을 예로 든다. 예를 들어, 눈을 감고 펜 한 자루를 쥐고 있다고 상상해 보자. 펜 한 자루를 잡고 있다는 지각은 확실히 존재한다. 하지만 손가락 하나하나가 펜을 만지는 감각은 모호하고 희미하다. 실제로 그 감각은 펜 여러 자루를 같이 잡고 있을 때의 감각과 동일하다. 펜 한 자루를 잡고 있다는 지각은 손가락들이 펜을 만지는 감각과 우리의 과거 경험, 즉 이전에 펜을 만지던 손가락들의 위치 등에 기초한 무의식적 추론이 합쳐져 만들어진다.

착시 현상은 뇌가 무의식적 추론을 이용해 의미를 구축하는 방식을 보여주는 확실한 예다. 그림 3.3(60쪽)을 보자. 이 그림은 전형적인 착시현상을 일으키는 카니자 삼각형 Kanizsa Triangle이다. 우리는 이 그림의 각과 배경에 있는 다른 삼각형을 기초로 삼각형 모양을 추론한다. 물리적으로는 삼각형 모양이 존재하지 않는 것

을 알고 있는데도 삼각형의 변이 확실하게 지각되도록 만드는 그림이다. 이 삼각형 옆의 그림에는 원 두 개가 보인다. 원 하나는 움푹 들어가 있는 것으로 보이고, 다른 원 하나는 튀어나온 것으로 보인다. 하지만 실제로 이 두 개의 원은 같은 모양이다. 그림을 180도 회전시켜보면 알 수 있다. 두 원이 달라 보이는 것은 그림자의 모양이 다르기 때문이다(하나는 그림자가 위에, 다른 하나는 그림자가 밑에 있다). 우리는 경험상 빛이 위에서 내려온다고 생각하기 때문에 이런 착시현상이 발생하는 것이다.

우리가 보는 것에 의미를 부여하는 것이 얼마나 중요한지 확실하게 보여주는 또 다른 예가 있다. 날 때부터 앞을 보지 못하던 사람이 (예를 들어, 백내장 수술 등을 통해) 성인이 되어서 시력을 가지게 된 예다. 헬름홀츠는 다음과 같이 말한다.

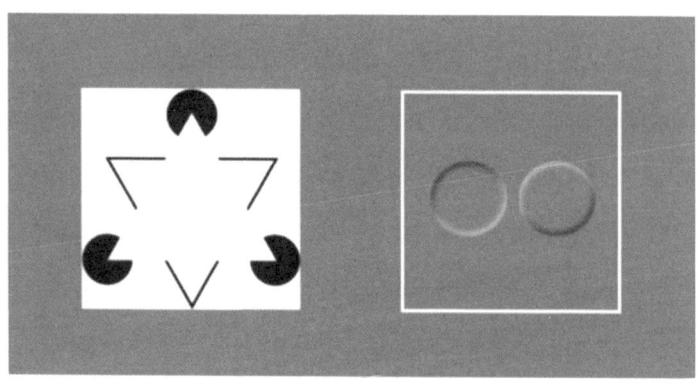

그림 3.3
카니자 삼각형과 양각음각 착시현상

이전 경험에 대한 기억 흔적은 우리의 시각 관찰에서 매우 광범위한 영향을 미친다. (……) 날 때부터 앞을 보지 못한 사람이 나중에 수술을 통해 시력을 가지게 된 사람들은 자신이 손으로 직접 만지기 전에는 눈으로 원이나 사각형 같은 간단한 모양을 구별하지 못한다는 사실이 최근 연구들을 통해 더욱 확실하게 증명되고 있다.

— 헤르만 폰 헬름홀츠,
《지각에 관한 사실들The Facts of Perceptions》, 1878년

헬름홀츠의 관찰 결과는 약 200년 전 영국의 유명한 경험론자 존 로크가 내린 결론과 거의 일치한다. 존 로크는 친구인 작가 윌리엄 몰리뉴William Molyneux가 제기한 의문에 대해 분석하면서, 날 때부터 앞을 볼 수 없는 사람이 처음으로 (원이나 육면체 같은 물체를) 보게 되었을 때 어떤 느낌을 가질지 생각했다. 로크의 결론은 다음과 같다.

나는 맹인이 처음 사물을 보게 될 때 어떤 것이 구 모양인지, 어떤 것이 육면체인지 확실하게 말할 수 없을 것이라고 생각한다. 보기만 할 때는 그럴 것이다. 하지만 그가 물체들을 만진다면 확실하게 그 물체들의 이름을 댈 수 있으며, 만져서 느껴지는 모양의 차이로 그 물체들을 확실하게 구분할 수 있을 것이다.

— 존 로크,《인간지성론Esaay Concerning Human Understanding》
제2권, 제9장 제8절, 1690년

영국의 또 다른 유명한 경험론자인 조지 버클리 주교도 경험으로부터 지식을 분리할 수 없다는 주장을 했다. 1709년 출간한 《새로운 시각 이론에 관한 시론An Essay Towards a New Theory of Vision》에서다.

태어날 때부터 앞을 보지 못했던 사람들이 성인이 된 후 수술을 받아 시력을 사용하기 시작한 사람들의 예는 적지 않다("보기" 시작한 사람들이라고 쓰지 않았음에 주의하길 바란다). 일반적으로 이 사람들은 눈이 수집한 정보를 해석한 경험이 없기 때문에 수술을 받아도 시력 문제를 겪는다.[6] 리처드 그레고리Richard Gregory와 존 월러스Kohn Wallace는 (SB라는 약칭으로 불린) 한 환자의 희귀 사례를 보고했다. 이 환자는 52세에 각막 이식 수술을 받아 눈을 사용하기 시작한 환자였다.[7] 이 환자에게 시각 테스트를 계속 실시한 결과, 그레고리와 월러스는 이 환자가 특히 2차원 그림에서 깊이나 원근감을 느끼지 못한다는 사실을 관찰했다(종이 위에 그린 2차원의 도형이지만 정상인에게는 투명한 3차원의 정육면체로 인지되는 네커 큐브Necker Cube를 볼 때도 이 환자는 3차원 도형을 인지하지 못했다.) 하지만 가장 놀라운 것은 그레고리와 월러스가 기록한 이 환자의 다음과 같은 최초 시각 경험이다.

안대를 벗은 SB가 최초로 한 시각 경험은 의사의 얼굴을 본 것이었다. (……) 환자는 자기 앞에서 나는 목소리를 듣더니 소리가 나는 쪽으로 고개를 돌렸고 "흐릿한 모습"을 봤다. 환자는 이 흐릿한 모습이 얼굴일 것이라고 생각했다. (……) 환자는 자신이 이전에 그 목소리를 듣지 않았다면, 그 목소리가 얼굴에서 나는 것이라는 사실을 알지 못했다면 이 흐릿한 모습이 얼굴이라고 생각하지 못했을 것이라고 생각하는 것 같았다. (……)
수술 후 사흘이 지났을 때 환자는 태어나서 처음으로 달을 보게 되었다. 처음에 환자는 달이 창문에 뭔가가 비친 것이라고 생각했다. 하지만 사람들이 달이라고 말해주자 환자는 초승달 모양의 달을 보고는 크게 놀라워했다. 환자는 초승달이 케이크를 4분의 1로 잘라놓은 모양일 것이라고 생각했었다고 말했다. (……)
환자는 다른 사람의 얼굴 표정에서 아무것도 느끼지 못하는 것이 분명했다. 환자는 얼굴로 사람을 구별하지 못했다. 목소리를 듣고 나서야 사람들을 구별할 수 있었다.

그레고리와 월러스는 이 환자가 대문자만 인식하고 소문자는 인식하지 못한다는 것도 관찰했다. 이 환자는 어린 시절 시각장애인용 점자를 대문자로만 배웠기 때문에 소문자를 "만져본" 적이 없기 때문이었다. 바꿔 말하면, 이 환자의 뇌는 대문자에 대한 표상을 가지고 있었고, 수술 후에 대문자를 처음 보게 되었을 때 다른 감각을 통해 수집된 이 표상을 이전시킬 수 있었지만, 소문자는 손으로 만진 적이 없기 때문에 소문자를 배울 수 없었다는 뜻이다.

··· ··

　지금까지 시각에 관해 이야기하면서 우리는 우리가 보는 것으로부터 뇌가 의미를 추출하는 다양한 방법들을 다뤘다. 우리는 뇌가 우리의 시야에 존재하는 정보를 복제하는 수준을 훨씬 넘어서는 방식으로 의미를 추출한다는 것을 확인했다. 요약해 보자. 첫째, 뇌는 대부분의 시각 정보를 중심와(주의가 집중되는 영역)에서 처리하고 나머지는 무시한다. 둘째, 뇌는 중심-주변 구조에 의한 표상을 통해 망막에서 음영의 대비를 부호화한다. 셋째, 뇌는 과거 경험에 기초한 무의식적 추론을 통해 기호들을 구축한다. 앞으로 다루게 되겠지만, 이 의미 구축 과정은 대뇌피질에서 계속된다.
　우리의 중심 주제인 기억으로부터 좀 벗어난 것처럼 보일 수 있음에도 불구하고, 나는 여러 가지 이유로 시각에 대해 자세히 다뤘다. 시각과 기억은 매우 밀접하게 연결된 현상이다. 사물에 대한 기억이 없다면 그 사물을 인식할 수 없기 때문이다. 신경학자 올리버 색스Oliver Sacks가 연구한 한 실력 있는 음악가의 사례를 들어보자. 닥터 P라고 불리던 이 사람은 자신의 동료, 가족, 심지어는 자신의 사진조차 인식하지 못했다. 닥터 P는 자신이 가르치던 학생들의 얼굴도 알아보지 못했고, 목소리를 들어야 학생들을 구별할 수 있었다. 색스에 따르면 이 환자는 자기가 벗어놓은 신발도 알아보지 못했고, 심지어 아내의 머리를 모자로 착각하기까지 했다.[8] 닥터 P는 전형적인 시각실인증visual agnosia 환자였다. 실인증에는 두 종류가 있는데, 모두 뇌손상에 의한 것이다. 통각실인증apperceptive agnosia 환자는 사물을 전체적으로 보지 못하기 때문에 사물을 인식하는 데 어려움이 있다. 이 환자들은 사물의 부분들은 각각 보지만 그 부분들을 통합하지 못한다. 반면, 연상실인증associative agnosia 환자들은 사물을 볼 수 있고 사물을 그대로 그림으로 그릴 수 있지만, 그 사물이 무엇인지는 모른다. 사물의 의미를 평가하지 못하기 때문이다. 바꿔 말하면, 사물의 시각화가 표상, 즉 특정한 기억을 불러일으키지 못한다는 뜻이다.

  연상실인증은 지각과 기억 사이의 관계를 보여주는 분명한 예라고 할 수 있다. 이로 미루어 보아 우리는 우리가 보거나 듣는 사물에 대해 기억을 형성하기 때문에 기억은 지각으로부터 생성된다고 말할 수 있다. 하지만 기억에 대해 다루면서 시각에 대해 다룬 가장 중요한 이유는 뇌가 보고 기억하기 위해 시각과 매우 비슷한 전략을 사용한다는 데 있다. 시각과 기억은 최소한의 정보를 선택하고 수많은 세부정보를 버리면서 외부 세계를 해석하는 의미 구축 과정이다.

4

우리는 얼마나 **많은 것을** 기억하는가?

The Forgetting Machine

> 망각의 미덕, 에빙하우스 법칙,
> 기억의 주관성과 가변성, 증인의 신뢰성,
> 우리가 기억하는 정보의 양,
> 인간의 기억과 컴퓨터의 메모리의
> 차이점에 관하여

총 7권으로 구성된 《잃어버린 시간을 찾아서 À la recherche du temps perdu》의 제1권에서 마르셀 프루스트 Marcel Proust는 추운 겨울날 홍차에 적신 마들렌 쿠키에서 어린 시절 고향 콩브레에서의 기억들을 연쇄적으로 떠올리는 장면을 묘사한다. 입안에서 느껴지는 마들렌 쿠키의 맛은 일요일 아침마다 주인공의 고모 레오니가 주던 홍차에 적신 마들렌 쿠키에 대한 기억을 불러일으키고, 이 기억은 다시 오래된 고향 집, 부모님이 쉬곤 하던 뒷마당의 정자, 고향 마을의 읍내, 광장, 심부름을 다니던 길거리, 시골길, 집 마당에 있던 꽃들, 스완 씨의 정원에 있던 꽃들, 수련들, 마을사람들, 마을의 집들, 교회에 대한 기억을 불러일으킨다.

프루스트는 특정한 자극(여기서는 마들렌 쿠키의 맛)이 서로 연결된 기억들, 우리가 평소에는 의식하지 않는 오래된 기억들을 어떻게 연쇄적으로 불러일으키는지 유려한 필체로 묘사한다. 마들렌 쿠키를 통해 기억을 떠올리게 되기 전에 주인공 마르셀(작가의 이름과 같다)은 콩브레에서 지낸 어린 시절이 잘 기억이 나지 않아 낙담하고 있었다. 우리는 때때로 과거의 기억이 더 선명하고 더 구체적이길 바라며 가장 소중한 기억들도 시간이 지나면 희미해진다는 것을 깨닫고 우울해지기도 한다. 그럴 때마다 우리는 사진을 찾아보거나 과거의 기억이 떠오르게 해주는 곳에 가기도 한다. 그러면서 우리는 우리가 기억하는 것이 얼마나 적은지 깨닫게 되고 훨씬 더 많은 것을 기억했으면 하고 바라게 된다.

하지만 이런 생각을 하면서도 우리는 더 많은 것을 기억하는 것이 꼭 좋은 것만은 아니라는 생각도 한다. 무의식적으로 우리는 좋은 기억은 더 탄탄하게 만들고 안 좋은 기억은 망각하기 때문이다. 우리는 어린 시절을 그리워하며 떠올리면서도 매일 아침 학교에 가기 위해 일찍 일어날 때의 괴로움, 수업시간에 앉아있을 때의 힘겨움, 숙제를 하면서 느꼈던 지겨움은 쉽게 망각한다. 망각은 우리에게 즐거운 심적 고통인 희미한 사진들과 끝나지 않은 이야기들을 남긴다. 우리는 우리가 기억하는 것이 매우 적다는 사실에 슬퍼하면서도 어떤 것들은 기억나지 않는 것이 더 낫다는 생각을 같이 하곤 한다.

단편 소설 "기억의 천재 푸네스 Funes the Memorious"에서 호르헤 루이스 보르헤스 Jorge Luis Borges는 모든 것을 기억하는 능력 때문에 발생하는 비극에 대해 깊은 통찰을 한다. 보르헤스는 이 소설에서 "푸네스는 모든 숲의 모든 나무의 모든 잎을 다 기억할 뿐만 아니라, 그것들을 보거나 상상했던 모든 순간의 감각도 기억한다."고 묘사했다.[1] 푸네스는 병이 들어 어두운 방에서 죽어갈 때도 쓸데없는 수많은 기억들 때문에 생각도 제대로 할 수 없고 잠도 잘 수 없었다. 보르헤스의 이런 생각과 비슷한 생각을 한 사람이 있다. 현대 심리학의 개척자인 미국의 윌리엄 제임스William James다. 19세기 말 제임스는 기억하기 위해서는 망각해야 한다는 역설적인 주장을 했다. 모든 것을 기억한다면 결국 우리는 아무것도 기억하지 못하는 것과 비슷한 상태가 될 것이라는 주장이다.[2]

망각의 미덕은 아주 먼 옛날부터 인식되어 왔다(현재 우리가 기억에 대해 이해하고 있는 것들에 대해서는 다음 장에서 언급할 예정이다). 키케로는 《웅변가론De oratore》에서 망각이 더 좋다고 생각해 기억술 학습을 거부한 아테네의 장군이자 정치인인 테미스토클레스에 대해 언급하기도 했다.[3] 아리스토텔레스와 아퀴나스도 망각의 중요성에 대해 강조했다. 이들은 제임스나 보르헤스처럼 분명하게 자신의 입장을 표명하지는 않았지만, 지난 장에서 살펴보았듯이, 아리스토텔레스와 아퀴나스는 우리의 감각이 인지한 자극을 통해 얻어진 해석이 우리가 마음속에서 구축하고, 개념들의 추상화 원천으로 삼는 이미지나 영혼 같은 것이라고 생각했다. 예를 들어, 말 한 필을 볼 때 우리는 개체individual, 즉 특정한 말에 대한 표상을 만들어내며, 말 여러 필을 볼 때는 말 한 필이라는 개체에 대한 표상으로부터 말에 대한 일반적인universal 개념을 추출해낸다.

개체에 대한 표상으로부터 일반적인 개념을 만들어내는 과정은 공통적인 특징들을 추출하는 과정에 의존한다. 망각의 중요성이 바로 여기에 있다. 망각은 중요하지 않은 구체적인 것들을 버리고 개념을 형성하도록 만들기 때문이다. 보르헤스는 이 점에 대해 "기억의 천재 푸네스"에서 푸네스에 대해 다음과 같이 말한다.

> 우리가 잊지 말아야 할 것은, 그에게는 일반적인 사고, 즉 플라톤적인 사고를 할 능력이 실질적으로 거의 없었다는 사실이다. 그는 '개'라는 속적 상징이 형태와 크기가 상이한 서로 다른 개체들을 포괄할 수 있다는 사실을 좀처럼 이해할 수 없었으며, 또한 3시 14분에 측면에서 보았던 개가 3시 15분에 정면에서 보았던 개와 동일한 이름을 가질 수 있다는 사실을 못마땅하게 생각하곤 했다. 또한 거울 속에 비친 자신의 얼굴과 자신의 손을 보고 매번 놀라기도 했다. (……) 푸네스는 다양한 일들이 동시에 일어나는, 참을 수 없을 정도로 정확한 세계를 지각한 외로운 관찰자였다.
> ─ 호르헤 루이스 보르헤스, "기억의 천재 푸네스 Funes the Memorious",
> 《픽션들 Ficciones》(1994년) 중에서

보르헤스의 이런 생각에 대해서는 내가 쓴 다른 책에서 자세히 다뤘기 때문에 여기서는 이 정도만 이야기하겠다.[4] 우리가 모든 것을 기억하길 원하지 않는다는 것은 확실하다. 하지만 우리는 아무것도 기억하지 못하게 되는 것도 원하지 않는다. 기억과 망각 사이 어딘가에 분명 균형점이 있을 것이다. 하지만 구체적으로 그 균형점은 어디에 있을까? 우리는 얼마나 많은 것을 기억할까? 그리고 우리는 우리의 기억 용량을 어떻게 측정할 수 있을까?

■ ■ ■ ■ ■

19세기 후반 헝가리 태생의 영국 심리학자 구스타프 스필러 Gustav Spiller는 자신이 얼마나 많이 기억할 수 있는지 측정하기 위한 작업을 시작했다.[5] 스필러는 과거 자신의 삶의 여러 단계에서 했던 경험들을 기억해 내 각각의 경험들을 구성하는 모든 구체적인 기억들을 열거했다. 이 놀라운 사고 실험을 통해 스필러는 자신이 태어난 후 9년 동안의 기억 100개[6], 20세가 되기 전까지의 기억 3600개, 20~25세 사이의 기억 2000개, 그 후 9년 동안의 기억 약 4000개를 열거하고, 35세의 사람이 평균 약 1만 개의 기억을 가지고 있다고 결론 내렸다. 또한 스필러는 이 35세의 사람이 가진 과거 기억들의 총합이 약 하루의 반 정도에 해당하는 양이라고 계산해 냈다. 물론 이 숫자는 추산치지만, 프랜시스 골턴 경 Sir Francis Galton[7]을 비롯한 다른 연구자들도 거의 비슷한 숫자를 추산해 냈다는 사실은 주목할 만하다.[8] 35세에 우리가 가지는 기억의 개수는 모두 다르겠지만, 기억의 개수와 상관없이 한 개인의 모든 기억을 떠올리는 데는 며칠이 걸릴 수도 있고 한 주일이 꼬박 걸릴 수도 있을 것이다. 스필러 자신도 인정하지만, 이러한 기억량의 추산치는 완전히 신뢰할 수 없을 것이다. 하지만 이 숫자들의 정확성을 떠나서 이런 엄청난 양의 정보가 망각 속으로 사라진다는 것은 놀라운 일이 아닐 수 없다.

실험적이고 체계적인 기억 연구의 선구자는 독일의 심리학자 헤르만 에빙하우스Hermann Ebbinghaus다. 에빙하우스는 1885년에 인간의 기억 용량에 관한 방대하면서도 정교한 실험 결과를 발표했다.[9] 에빙하우스는 의미가 없는 단어 2300개를 만들었다. 각 단어들은 알파벳 3개로 구성했다(자음 2개 사이에 모음 하나를 집어넣어 만들었다). 에빙하우스는 (1) 시간 간격을 두고 자신이 이 단어들 중에서 무작위로 선택한 단어들을 얼마나 많이 기억할 수 있는지 계속 기록하고, (2) 이 단어들의 리스트를 반복적으로 봄으로써 나중에 얼마나 기억이 쉬워지는지 측정했다. 이 실험으로부터 에빙하우스는 두 가지 근본적인 법칙을 발견했다. 첫 번째 법칙은 어떤 기억들은 몇 분 이상 지속되지 않는 반면, 어떤 기억들은 몇 시간, 몇 주, 몇 년 동안 지속된다는 것이었다. 이 기억들은 현재 단기 기억과 장기 기억이라는 말로 불린다. 단기 기억은 짧은 기간 동안 정보를 유지하는 기억으로, 우리가 현재 진행되고 있는 사건들을 의식하게 해준다. 예를 들어, 이 순간 내가 적당한 단어를 선택하면서 말하고 싶은 것을 기억할 때 나는 단기 기억을 사용한다. 반면, 장기 기억은 우리가 기억하는 과거의 일들로 구성된다. 내 경우를 예를 들면, 좋은 와인을 마셨던 기억, 미적분 계산에서 썼던 수학적 기법에 관한 기억이 장기 기억이다. 거의 모든 단기 기억은 망각 속으로 소실되며, 지금 이 순간 우리에게

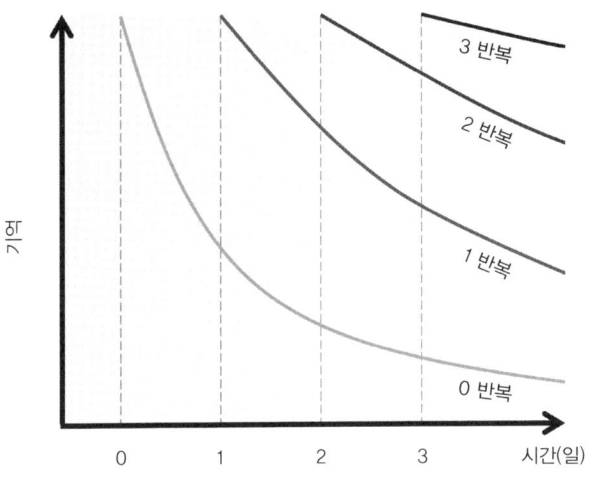

그림 4.1 에빙하우스의 망각 곡선
기억되는 단어의 수는 시간이 지날수록 줄어든다. 하지만 이런 기억 감소의 속도는 단어들을 반복해서 보면 줄어든다.

일어나고 있는 일의 극히 적은 부분만이 장기 기억의 일부가 된다. 그렇다면 어떤 기억은 바로 소실되게 만들고 어떤 기억은 평생 유지되도록 만드는 것은 무엇일까? 에빙하우스의 두 번째 법칙이 이 의문에 관한 것이다. 이 법칙은 반복과 연습이 기억을 유지시킨다는 법칙이다. 에빙하우스는 단어들을 반복해서 볼수록 더 오래 기억할 수 있다는 사실을 발견한 것이었다.

에빙하우스의 실험결과는 반복이 기억을 강화하는 데 도움을 준다는 것을 알려준다. 이 현상은 기억 응고 memory consolidation라는 용어로 부른다. 오랫동안 지속되는 장기 기억은 우리의 주의를 기울이게 하는 두드러진 사건들에 대한 기억, 즉 우리가 반복적으로 의식하는 기억이다. 《테아이테토스^{Theaetetus}》에서 플라톤은 기억이 밀랍 서판에 글씨를 새기는 것과 비슷하다고 말했다. 우리가 기억을 더 자주 소환할수록 기억은 깊게 새겨진다는 뜻이다. 플라톤의 이런 생각은 기억에 대한 우리의 직관적인 생각과 같다. 하지만 곧 다루게 되겠지만, 반복이 기억을 강화하는 것은 사실이지만 우리 뇌에 기억이 정적인 상태로 새겨져 있다는 생각은 사실과는 매우 거리가 멀다.

⋯⋯

에빙하우스의 연구와는 달리, 20세기 초반 영국의 철학자이자 심리학자인 프레더릭 바틀릿$^{Frederic\ Bartlett}$의 연구는 기억이 얼마나 가변적이고 주관적인지 보여줬다. 바틀릿은 무의미한 단어들을 사용해 인위적인 상황을 만드는 것은 현실과 너무 괴리가 크고 매우 중요한 요인인 의미의 구축을 간과하는 것이라고 생각했다. 바꿔 말하면, 바틀릿은 시간 간격을 두고 무의미한 단어들을 얼마나 기억해 낼 수 있는지 측정하는 것으로는 일상적인 기억의 작동 방식을 설명할 수 없다고 생각한 것이었다.

 오늘 아침식사에 대한 나의 기억을 예로 들어보자. 오늘 아침식사에 대한 나의 기억을 구성하는 일련의 사건들은 서로 연결되어 있다. 이 사건들에는 맥락이 있다. 이 개개의 사건들은 독립적인 사건이 아닌 것이다. 아침식사로 빵에 잼을 발라 먹었다고 가정해 보자. 이 간단한 사실에도 여러 가지 맥락이 포함될 수 있다. 아마 나는 전날 저녁을 너무 많이 먹었기 때문에 늘 먹던 베이컨과 달걀을 먹지 않고 간단하게 빵에 잼을 발라 먹었을 수도 있다. 아니면, 며칠 전 시장에서 새로 산 수제 잼을 맛보고 싶었을 수도 있다. 의미의 추출은 맥락에 기초하는 것이다. 첫 번째 경우라면, 나는 내가 먹은 잼이 어떤 잼인지조차 기억하지 못할 것이다. 어떤 잼인지가 중요하지 않기 때문이다. 이 맥락에서 중요한 것은 내가 잼을 빵에 발라먹은 이유가 가볍게 아침을 먹고 싶었기 때문이라는 사실이다. 두 번째 경우라면, 나는 내가 어떤 잼을 먹었는지 기억할 것이다. 내가 아침에 그 특정한 잼을 먹겠다고 선택했기 때문이다. 바꿔 말하면, 사건 자체가 같다고 해도 주관적인 경험, 즉 내 뇌에 저장될 기억은 완전히 다를 수 있다는 뜻이다. 또한 맥락은 기억을 불러들이는 데도 도움을 준다. 예를 들어, 며칠 후 내가 오늘 아침에 무엇을 먹었는지 기억해 내려고 한다고 가정하면, 내가 가볍게 먹으려고 했는지, 수제 잼을 먹으려고 했는지 기억해 내면 다른 연상의 흐름에 의해 내가 빵에 잼을 발라먹었다는 것을 기억해 낼 수 있다.

 자 이제 방, 잼, 저녁식사, 아침식사 같은 단어들을 무작위로 무작정 외우는 상황을 떠올려 보자. 이 경우 기억 메커니즘은 완전히 다르다. 이 상황에는 맥락이나 의미가 없기 때문이다. 에빙하우스가 실험에 사용한 'TOC', 'MIF', 'REP' 같은 무의미한 단어들을 기억하는 상황과 아침에 내가 무엇을 먹었는지 기억하는 상황을 비교하면 차이는 더 극명해진다. 에빙하우스가 연구한 기억 메커니즘과 우리가 일상생활에서 사용하는 기억 메커니즘은 분명히 엄청난 차이가 있다. 그럼에도 불구하고 에빙하우스의 두 가지 법칙, 즉 기억에는 단기 기억과 장기 기억이 있으며, 반복이 기억 응고를 강화한다는 두 법칙은 보편적으로 받아들여지고 있다. 바틀릿은 의미 추출, (바틀릿이 쓴 용어로는) 스키마schema 구축이 기억에서 얼마나 중요한 역할을 하는지 보여줬다고 할 수 있다.

바틀릿의 실험은 간단하고 명료했다. 에빙하우스와는 달리 바틀릿의 관심은 정량적인 데이터가 아니라 일반적인 원칙에 있었기 때문이다. 그는 자신이 가르치던 케임브리지 대학 학생들에게 미국 원주민 민담인 "귀신들의 전쟁The War of the Ghosts"을 읽게 한 다음 며칠 후, 몇 주 후, 몇 년 후에 이 이야기를 자신에게 다시 들려달라고 요청했다. 바틀릿은 학생들이 다시 들려준 이야기가 원래 이야기보다 훨씬 짧고 간단하며, 모든 학생이 자신의 개인적인 해석에 따라 이야기를 수정했다는 사실을 관찰했다.[10] 또한 학생들은 이야기를 다시 할 때마다 내용을 바꿨으며, 이야기를 몇 번 반복한 후에 이야기의 끝부분이 원래 이야기와 전혀 달라지는 경우도 있었다. 바꿔 말하면, 학생들은 이야기 자체보다 그 이야기를 들었을 때 자신이 했던 해석에 따라 그 이야기에 대해 만들어낸 스키마를 기억한다고 할 수 있다. 이 스키마에 기초해 학생들은 다양한 방식으로 이야기를 재구성하면서 세부 내용을 망각하며 무의식적으로 다른 내용을 만들어내 첨가했던 것이다. 이 결과를 기초로 바틀릿은 기억이 창조적 과정이며, 기억의 응고는 플라톤의 생각처럼 밀랍 서판에 글씨를 새기는 것과 매우 다르고, 스키마, 즉 주관적 표상을 강화하며, 이 주관적 표상은 기억 자체를 바꾸기도 한다고 결론지었다.

사물을 보는 과정이 카메라가 픽셀로 표상을 만들어내는 과정과 매우 다르듯이, 기억도 영화를 다시 보듯이 과거의 일을 재생하는 것과는 매우 다르다. 우리가 시각에 대해 앞에서 자세하게 다룬 이유가 여기에 있다. 같은 원칙이 기억에도 적용되기 때문이다. 앞에서 다룬 헬름홀츠의 기호 구축 과정과 바틀릿의 스키마 구축 과정은 실제로 근본적인 유사성을 가진다. 헬름홀츠는 시각에 대해 말했고 바틀릿은 기억에 대해 말했지만, 우리 뇌에서 일어나는 과정들은 무의식적 추론에 기초해 의미 있는 현실을 구축하고 현실 자체 대신에 특정 의미 ― 기호 또는 스키마 ― 를 이용한다는 점에서 근본적으로 같다. 이는 수많은 구체적인 정보를 버리면서 정보를 선택하는 과정인 추상화 과정이 일어난다는 뜻이다. 앞장에서 우리는 무의식적 추론이 어떻게 착시 현상을 일으키는지 살펴봤다. 이와 비슷하게 추론이 없었던 이야기를 만들어낸다. 실제 경험과 일치하지 않는 사건들이 우리 기억 속에서 응고되는 것은 바로 이런 추론 때문이다.

기억의 가변성을 보여주는 놀라운 사례는 엘리자베스 롭터스 Elizabeth Loftus라는 심리학자의 간단하면서도 결정적인 실험에 의

해서 제시되었다.[11] 롭터스는 교통사고 장면이 담긴 동영상을 다섯 그룹의 실험 대상자들에게 보여준 뒤 사고 자동차들의 속도를 추측해 보라고 요청했다. 롭터스는 첫 번째 그룹에게는 자동차들이 "부딪혔다bump"고 말했고, 두 번째 그룹에게는 자동차들이 "충돌했다collide"고 말했고, 세 번째 그룹에게는 "(서로) 들이받았다hit"라고 말했고, 네 번째 그룹에게는 "접촉했다contact"고 말했고, 다섯 번째 그룹에게는 "박살났다smash"고 말하면서 속도를 추측하게 했다. 모든 실험 대상자들은 같은 동영상을 봤으며 같은 조건하에 있었다. 하지만 추측 결과는 그룹에 따라 다르게 나왔다. "박살났다"는 말을 들은 그룹이 속도를 높게 추측했으며, 그 뒤를 이어 "충돌했다", "부딪혔다", "들이받았다", "접촉했다"라는 말을 들은 그룹들이 순서대로 높은 속도를 추측했다. 더 놀라운 사실은 같은 사람들에게 일주일 후에 사고 자동차들의 창문이 깨져 있었는지 물었더니, "박살났다"라는 말을 들은 사람들의 32%가 그렇다고 대답한 반면, "부딪혔다"라는 말을 들은 사람들 중에서 창문이 깨져 있었다고 기억한 사람은 14%에 불과했다는 것이다(실제로 창문은 하나도 깨진 상태가 아니었다).

롭터스의 결과는 우리의 기억이 얼마나 취약한지, 질문 중의 단어 하나만 바꿔도 기억이 재응고화 과정에서 어떻게 조작될 수 있는지 보여준다. 과학적인 차원을 떠나서, 이 결과는 실용적인 면에서도 큰 의미가 있다. 이 결과는 재판에 참여한 증인의 증언이 얼마나 주관적일 수 있는지, 질문 방식에 따라 증언이 어떻게 조작될 수 있는지 분명하게 보여주기 때문이다.[12] 미국에서만 200명 이상의 사람들이 부정확한 증언 때문에 실형을 선고받았다. 이 중 특히 널리 알려진 사례는 로널드 코튼Ronald Cotton의 사례다. 이 사례는 기억의 취약성을 적나라하게 보여주는 확실한 증거이기 때문에 자세히 살펴보도록 하자.

1984년 미국 노스캐롤라이나 주에 살던 제니퍼 톰슨이라는 여대생이 집에 침입한 괴한에게 강간을 당하는 일이 벌어졌다. 범인이 목에 칼을 대고 있었기 때문에 움직일 수 없었던 제니퍼는 범인의 얼굴과 신체의 특징을 최대한 확실하게 기억하려고 했다. 범인의 공격에서 살아남게 된다면 경찰에 범인의 용모에 대해 정확하게 말해 범인을 잡기 위해서였다. 범인이 도망간 후 제니퍼는 이때의 기억을 토대로 경찰이 범인의 몽타주를 만드는 데 도움을 줬다. 경찰은 용의자 6명의 사진을 제니퍼에게 보여줬고, 제니퍼는 이 사진 중에 범인의 얼굴이 있는지 확인했다. 이 사건을 담당했던 한 형사에 따르면[13], 제니퍼는 5분 정도 6명의 사진을 들여다보더니 그 중 로널드 코튼이라는 사람의 사진을 선택했다. 이틀 후 경찰은 코튼을 체포했고, 코튼과 다른 용의자들을 살펴본 제니퍼는 코튼과 다른 한 용의자 사이에서 고민하다 결국 이번에도 코튼을 지목했다. 그 순간 제니퍼는 코튼이 자신을 강간한 범인이라고 확신했다. 제니퍼는 처음에 자신이 고른 사진의 인물이 두 번째 용의자 그룹 중 자신이 선택한 인물과 동일 인물이라는 것을 알게 되자 더욱 자신의 기억을 확신하게 되었다. 제니퍼는 자신의 기억을 전혀 의심하지 않았다. 하지만 그 기억은 잘못된 기억이었다.

당시 22세였던 로널드 코튼은 종신형을 선고 받았다. 그 후 우연히 코튼이 수감된 교도소에는 연쇄 강간범이 들어오게 되었는데, 코튼과 같은 지역 출신으로 코튼과 약간 비슷하게 생긴 보비 풀이라는 사람이었다. 코튼은 이 사람이 제니퍼 톰슨을 실제로 강간했다는 소문을 듣게 되었고, 재수사를 요청했다. 하지만 제니퍼는 이번에도 두 명의 용의자 가운데 코튼을 범인이라고 확신을 가지고 말했고, 보비 풀은 처음 보는 사람이라고 진술했다. 결국 교도소에서 거의 11년을 복역한 로널드 코튼은 무죄 판결을 받게 된 것은 당시 새로운 기법이었던 DNA 검사를 통해서였다(보비 풀은 진범으로 확정되었다).

여기서 주목해야 할 사실이 있다. 범인에게 공격을 당하는 동안 범인의 얼굴을 기억하기 위해 노력했지만 결국 제니퍼는 전혀 다른 기억을 만들어내 다른 사람을 지목했다는 사실이다. 심지어 제니퍼는 진범을 바로 앞에 두고도 그를 알아보지 못했다. DNA 검사를 통해 진범이 밝혀졌다는 말을 들은 후에도 제니퍼는 자신을 강간한 사람이 로널드 코튼이라고 생각했다. 그렇다면 제니퍼는 어떻게 사실이 아닌 것을 사실이라고 생각할 수 있었을까?

사건의 진실이 모두 밝혀진 뒤에 사건을 다시 재구성하는 것은 쉬운 일이다. 하지만 제니퍼가 6명의 용의자 중 한 명을 선택하는 데 5분이나 걸렸다는 사실은 의미가 있다. 제니퍼가 정말 확신에 차 있었다면 용의자를 선택하는 데 몇 초도 걸리지 않았을 것이기 때문이다. 제니퍼는 그 후에 두 명의 용의자 중 한 명을 지목할 때도 고민했다. 이 두 번의 선택 후에 제니퍼는 부정확한 기억을 무의식적으로 응고시켰고, 그렇게 응고된 기억은 제니퍼에게 확실한 진실이 되었던 것이다.[14] 제니퍼 톰슨이 나쁜 의도를 가지고 그런 선택을 한 것은 아니었다. 누군가를 교도소에 보내는 일을 가볍게 생각한 것도 아니었다. 제니퍼는 자신이 (부정확하게) 기억한 내용에 충실했을 뿐이다.[15]

■ ■ ■ ■ ■

지금까지 우리는 우리의 기억이 그 기억에 대한 해석에 기초해 형성되고 저장된다는 것을 살펴봤다. 우리가 살펴본 기억 관련 연구는 두 가지다. 무의미한 단어들을 시간 간격을 두고 얼마나 기억할 수 있는지에 관한 에빙하우스의 체계적이고 정량적인 연구와 아주 엄밀하지는 않지만 우리가 기억하는 것이 얼마나 적은지 확실히 보여준 스필러와 바틀릿의 연구다. 이 두 연구를 결합할 수 있는 방법이 있을까? 무의미한 단어들을 이용한 연구나 경험에 대한 우리의 모호하고 주관적인 기억에 의존하지 않고 우리의 기억 용량을 확실하게 측정할 수 있는 방법이 있을까?

1980년대 미국의 심리학자 토머스 랜도어Thomas Landauer는 바틀릿과 스필러의 연구를 계승해 우리가 기억하는 정보가 얼마나 많은지 측정을 시도했다. 하지만 이 연구는 바틀릿과 스필러의 연구에 비해 더 정량적인 실험 방법을 이용했다.[16] 랜도어는 샘플 텍스트를 읽은 뒤 사람들이 얼마나 많이 그 내용을 기억하는지 측정했다. 문장을 읽은 시점과 기억을 요청한 시점 사이의 시간 간격은 몇 분 정도로, 단기 기억을 무시하고 장기 기억만을 측정할 수 있는 여건을 조성하였다. 랜도어는 1분당 읽는 속도가 평균 180 단어라는 가정 하에서 실험대상자들이 1초당 약 1.2비트의 정보를 기억에 저장한다고 추산했다. 이 결과는 텍스트 기억에만 국한된 것이 아니다. 실험대상자들이 시각 이미지들을 본 직후에 기억하는 시각 이미지의 수를 측정했을 때도 실험대상자들은 1~2비트의 정보를 저장한다고 추산했기 때문이다. 이 추산치는 여러 가지 흥미로운 결론을 내리게 만들었다. 사람이 하루에 16시간 깨어 있다고 가정하고, (에빙하우스의 망각 곡선과 비슷한 데이터를 사용해) 기억이 시간이 지나면 희미해진다는 사실을 감안해 랜도어는 70세의 사람이 10^9 비트의 기억을 저장한다고 계산했다. 바꿔 말하면, 평생 동안 우리가 축적하는 기억의 총량은 125MB에 불과하다는 뜻이다.

 이 추산치는 텍스트와 이미지에 기초한 것이었지만, 랜도어는 다른 종류의 기억(말로 한 대화, 음악의 일부분 등)에 의해 요구되는 정보도 비슷한 수준이라고 주장했다. 정확한 양은 조금 다를 수 있지만, 우리가 평생 기억하는 정보의 양이 매우 적다는 결론에는 변함이 없다는 것이 랜도어의 주장이다.[17] 랜도어의 계산에 따르면, 엄지손톱보다 작은 칩이 든 128GB 용량의 USB가 사람이 평생 축적하는 기억의 양보다 약 1000배 이상 더 많은 양을 저장한다고 할 수 있다. 그렇다면 몇 만원짜리 USB가 인간의 뇌보다 강력하다고 할 수 있을까?[18] 당연히 아니다. 오히려, 랜도어의 계산 과정을 더 자세히 들여다보면 우리의 기억이 USB나 컴퓨터와 다른 점이 드러나기 시작한다.

2장에서 우리는 8비트(1바이트)의 정보로 텍스트에 사용되는 256개 ASCII 코드 문자들을 모두 나타낼 수 있다는 것을 살펴봤다. 따라서 단어 하나가 평균적으로 문자 5개로 구성되고[19] 1분에 180개 단어(1초당 단어 3개)를 읽을 수 있다고 가정하면, 우리는 1초에 120비트(120bps)의 속도로 정보를 처리한다는 뜻이 된다. 하지만 이 계산에는 우리가 텍스트를 문자 단위로 처리한다는 전제가 깔려 있다. 만약 우리가 문자 단위가 아닌 단어 단위로 텍스트를 처리한다면 정보 처리 속도는 45bps로 떨어지게 된다.[20] 흥미로운 사실은 우리가 120bps나 45bps의 속도로 정보를 저장하지 않는다는 것이다. 실제로 우리는 1bps의 속도로 정보를 처리한다. 우리가 만들어내는 표상은 문자나 단어에 의해 전달되는 표상보다 훨씬 더 복잡한 표상이기 때문이다. 우리가 이미지로부터 저장하는 정보의 양을 생각해 보면 훨씬 더 흥미로워진다. 지난 장들에서 우리는 시신경을 통해 망막이 초당 약 1000만 비트의 정보, 즉 10Mbps의 정보를 뇌에 전송한다는 사실을 살펴봤다. 따라서 우리가 결국 기억하게 되는 시각 정보의 양은(랜도어에 따르면 1bps 수준의 속도로 저장되는) 눈에서 뇌로 전달되는 정보의 100만분의 1이 안 된다. 게다가 앞에서 살펴보았듯이 이렇게 눈에서 뇌로 전달되는 정보의 양도 우리의 시야에 존재하는 정보보다 훨씬 적다. 바꿔 말하면, 우리가 평생 축적하는 이미지의 양은 눈에서 뇌로 약 2분간 전달되는 정보의 양과 동일하다.

한편, 1장에서 살펴봤듯이 인간의 뇌에는 1000억(10^{11})개의 뉴런이 있다. 이 각각의 뉴런이 휴식을 하거나 활성을 나타내 1비트의 정보를 부호화한다고 생각하면, 뇌는 수십 기가바이트 수준의 정보를 저장한다고 할 수 있을 것이다. 일부 과학자들은 여기서 한걸음 더 나아가, 뇌가 시냅스 하나당 1비트의 정보를 저장할 수 있다고 추산하기도 한다. 뇌 안의 시냅스 수는 10^{15}개에 달한다. 약 1000TB, 즉 1페타바이트petabyte에 해당하는 정보다.[21] 이 두 가지 추산치 중 어떤 것을 선택하더라도 분명한 것은 뇌의 저장 용량은 뇌가 실제로 저장하는 정보의 양(랜도어에 따르면 125MB)을 크게 초과한다는 사실이다. 이는 뇌가 의미를 추출하기 위해 정보를 (동일한 정보의 다양한 측면들을 수많은 뉴런들이 동시에 저장하는 방식으로) 매우 풍부하게 저장한다는 뜻이다. 인간의 뇌가 USB나 컴퓨터와 다른 점이 바로 여기에 있다. 컴퓨터의 하드디스크는 수많은 텍스트, 사진, 동영상 등을 저장하고 충실하게 재생할 수 있지만, 하드디스크는 이렇게 저장되는 것들을 이해하지 못한다. 반면, 인간의 뇌는 감각기관으로부터 전달된 매우 적은 양의 정보에 의미를 부여하는 데 모든 자원을 집중한다.

헬름홀츠와 바틀릿이 주장한 대로 의미는 과거 경험에 기초한 추측을 통해 구축된다. 몇 년 전 마술사이자 내 친구인 미겔 앙헬 헤아Miguel Ángel Gea를 대학교에 초대해 강연을 들은 적이 있다. 헤아는 강연을 듣기 위해 모인 사람들이 학자나 교육수준이 높고 지적인 사람이 대부분이라 속이기가 쉽다고 말했다. 사람들은 박장대소했지만 마술사는 무척 진지했다. 헤아는 "지적인 사람들"은 현실에 대해 끊임없이 추측을 하고 마술사가 즐거움을 위해 보여주는 속임수는 이러한 추측을 보기 좋게 깨부수는 데 초점이 맞춰져 있다고 말했다. 실제로, 아이들을 대상으로 마술을 하는 것과 성인을 대상으로 하는 것은 다르다. 아이들은 어른들이 완전히 무시하는 자세한 부분들에 집중하기 때문이다.[22]

헬름홀츠가 무의식적 추론이라고 부른 이런 추측은 우리 일상생활의 일부다. 영화를 보거나, 음악을 듣거나, 길을 건너거나, 책을 읽거나, 운동 경기를 할 때 우리는 이런 무의식적 추론을 한다. 예를 들어, 음악 이론에서 긴장tension과 해소resolution는 매우 중요한 위치를 차지한다. 긴장은 기대를 높임으로써 생성되며, 작곡가가 선택한 시점에 해소된다. 예를 들어, 5도 화음(딸림화음)은 으뜸화음으로 해소된다.[23] 우리는 작곡가가 조調나 리듬을 바꾸는 방법으로 불협화음을 삽입함으로써 전형적인 음악적 구성을 파괴하는 것을 보고 천재성에 감탄하기도 하지만, 이런 파괴가 너무 심해지면 다음에 곡이 어떻게 진행될지 예측하지 못하게 되어 곡이 듣기에 불편하다고 느끼기도 한다. 우리가 혼돈스럽고 무질서하다고 생각하는 음악적 스타일도 사실 상당 부분은 기존의 전형적인 구성을 따른다고 할 수 있다.

우리는 영화를 볼 때도 추론을 한다. 특히 공포영화나 서스펜스 영화는 배경음악, 무대장치, 장면의 길이 등으로 어떤 일이 일어날 것 같다는 예측을 하게 함으로써 우리의 기대감을 불러일으키고 긴장감을 유발한다. 물론 이런 영화들은 예상치 못한 놀라움을 관객에게 주기도 하지만, 대부분의 긴장은 뭔가 극적인 일이 곧 일어날 것 같다는 관객의 예측, 특히 언제 일어날지 관객이 예측할 수 없을 때 극대화된다. 서스펜스 영화의 대가 알프레드 히치콕Alfred Hitchcock은 공포를 일으키는 것은 폭발이 아니라 폭발이 일어날 것이라는 예측이라고 말했다. 히치콕에 따르면 폭발하기 전의 폭탄을 보여주는 것이 갑자기 폭발 장면을 보여주는 것보다 훨씬 더 많은 긴장감을 만들어낸다.

예측과 추론이 이용되는 예는 스포츠 경기에서 흔히 볼 수 있다. 골키퍼는 공을 차는 선수의 자세를 보고 어느 쪽으로 페널티킥을 날릴지 예측한다. 테니스 선수는 상대편 선수가 공을 치면서 움직이는 모습을 보면서 공의 방향을 예측한다. 뛰어난 선수라면 이런 예측을 하도록 허용하지 않는다. 상대편 선수의 기대에 부응하지 않음으로써 그 선수가 잘못된 예측을 하도록 만든다.

일상적인 상황에도 이와 비슷한 원리가 적용된다. 입사 시험 결과를 통보하는 이메일이 "불행히도"라는 말로 시작되면 끝까지 읽어보지 않아도 결과를 알 수 있다. 더 근본적으로 생각하면, 앞에서도 언급했듯이, 우리가 글로 쓰인 정보를 문자나 단어를 통해 전달되는 것보다 더 정교한 형태로 처리한다는 사실은 우리가 읽는 방식의 기초가 된다. 성인이 어린이보다 훨씬 더 빠르게 글을 읽을 수 있는 이유가 여기에 있다. 어린이는 음절 단위로 읽지만 성인은 무의식적 추론을 통해 단어들을 뛰어넘으면서 읽는다.

이와 비슷한 예를 들어보자. 나는 누군가의 표정만 보고도 그 사람이 어떤 말을 하는지, 어떤 어조로 말을 하는지 짐작할 수 있다. 시끄러운 방에서 대화를 할 때나 우리가 잘 모르는 언어로 대화할 때 우리는 이 방법을 쓴다. 집에서 누구인지 알 수 없는 목소리를 들었을 때 나는 그 목소리를 내가 아는 모든 목소리와 비교하지 않는다. 나는 자연스럽게 가능성의 범위를 그보다 매우 좁게 줄인다. 나는 그 목소리가 가족 중 한 명의 목소리라고 자연스럽게 추론한다. 가족이 아닌 사람이 집에 있을 가능성은 매우 낮기 때문이다. 비슷한 예를 더 들어보자. 집에서 기차 소리가 들릴 때 나는 그 소리가 라디오나 TV에서 나는 소리라는 것을 금방 안다. 집에 있는 오디오가 최첨단 제품이라 그 소리가 기차역에서 나는 소리와 매우 비슷하다고 해도 나는 그 소리가 기차역에서 나는 진짜 기차 소리라고 생각하지 않는다. 우리 집 근처에 기차역이 없다는 것을 나는 잘 알고 있기 때문이다.

요약하면, 뇌는 이전 경험에 기초해 추론을 함으로써 감각이 제공한 정보를 어떻게 해석할지 결정을 내린다고 할 수 있다.[24] 우리는 모든 것을 자세하게 본다고 생각하지만 사실 우리의 시야에 있는 장면의 일부밖에는 보지 못하고 나머지는 추론하는 것처럼, 우리가 기억하는 것도 놀라울 정도로 적다. 우리는 과거 경험을 자세히 기억한다고 해도 사실 우리가 기억하는 것은 아주 적은 수의 사실밖에 없으며 나머지 부분은 추론으로 채운다.

  예를 들어, 나는 내가 어제 한 일을 기억한다고 생각한다. 어제 나는 자전거를 타고 연구실에 출근했고, 이메일을 읽으면서 차를 마셨고, 학생 한 명과 연구결과에 대해 이야기를 나눴다. 하지만 이 모든 사건들 중에서 내가 진짜로 기억하는 것은 학생과 나눈 이야기의 일부밖에 없는지도 모른다. 아마 그 내용이 새롭거나 중요했을 것이다. 나머지 모든 기억은 내가 매일 하는 일과의 일부이고, 나는 그 일과에 별로 집중하지 않으며 그 일과를 내 기억 속에 부호화하지도 않는다. 과거의 경험에 기초해 추론할 뿐이다.

  바틀릿의 실험에서 학생들이 기억하라고 요청 받은 이야기를 더 짧게 기억하고 내용을 바꾸게 만드는 과정이 바로 이 과정이다. 학생들은 이야기의 모든 내용을 기억하지 못했다. 이들은 구체적인 사실 몇 개만을 기억했고 나머지는 모두 추론을 통해 만들었다. 이런 추론에 기초한 스키마 구축(현실 자체를 기억하는 것이 아니라 현실에 대한 주관적인 해석을 기억하는 과정)은 과거에 실제로 일어나지 않았던 사건들이 일어났다고 확신하게 만드는 가짜 기억의 원천이 된다.

5

더 많은 것을
기억할
수 있을까?

▪ ▪ ▪ ▪ ▪
장소 기억법, 고대와 현대의 기억의 중요성,
중세 이후의 기억술 재탄생,
망각하지 못하는 사람의 사례,
서번트 증후군에 관하여

고대 그리스의 시인 시모니데스Simonides가 연회에 참가했을 때의 일이다. 시모니데스가 누군가로부터 메시지를 받기 위해 문밖으로 나갔을 때 지붕이 무너져 내렸고 그를 제외한 모든 손님이 압사당했다.[1] 돌무더기를 치웠지만 시체들은 너무 손상이 심해 누군지 알아볼 수가 없었다. 하지만 시모니데스는 모든 손님들의 자리를 기억하고 있었기 때문에 시체들의 신원을 밝혀낼 수 있었다.

이 경험을 통해 시모니데스는 기억을 분류하는 것이 기억을 보존하는 데 핵심적인 역할을 한다는 생각을 하게 되었다. 시모니데스는 이 생각을 바탕으로 기억술mnemonics을 고안해 냈다. 기억술은 다양한 기술을 동원해 기억을 강화하는 방법이다. 특히 시모니데스는 장소 기억법method of loci(loci는 라틴어로 장소라는 뜻이다)을 개발했는데, 이 방법은 사물을 특정한 장소에 연결시키는 방법이다. 이 방법을 사용하기 위해서는 먼저 우리가 사는 동네의 특정한 길처럼 매우 익숙한 장소를 떠올린 다음 기억하고자 하는 것들을 마음속에서 이 장소의 특정한 지점들에 배치해야 한다. 예를 들어, 빵, 의자, 바위, 자동차, 책, 유리잔, 숟가락, 신호등, 꽃, 칼 같은 단어들을 기억하고 싶다면, 이 사물들을 마음속으로 내가 생각하는 길에 배치하면 된다. 길모퉁이에 빵 한 조각이 떨어져 있고, 그 길모퉁이에 있는 유치원 정문 앞에는 의자가 있고, 길가 버스 정류장 옆에는 엄청나게 큰 바위가 있고, 노란색 스포츠카가 그 버스 정류장 앞에 서 있고, 그 길에 있는 이웃집 문 앞에는 커다란 책이 놓여 있고, 우리 집 앞에는 음료수가 가득 찬 커다란 유리잔이 놓여 있고, 또 다른 이웃집 문 앞에는 엄청나게 큰 숟가락이 놓여 있고, 횡단보도에는 사람들이 건널 때마다 켜지는 엄청난 크기의 신호등이 있다고 생각하는 것이다. 여기에다 길가에 있는 학교 정문에 학생들을 환영하는 초대형 꽃이 있고, 공원 한가운데에는 거대한 칼 조각품이 있다고 상상하면 된다.

　이제 앞에서 말한 단어들을 기억하기 위해 내가 할 일은 내 마음속에서 그린 길을 걸어가면서 내가 배치한 사물들을 보는 일밖에 없다. 나는 길을 골랐지만, 내 방에서 정원까지의 경로(내 방에서 나와 거실, 주방, 소파, TV를 지나 정원으로 나가는 문을 통과하는 경로)를 고를 수도 있고, 출근길을 고를 수도 있다. 나에게 익숙해 내가 배치하고 싶은 사물들을 배치할 수 있는 참조 지점 reference point이 많은 경로가 이상적일 것이다. 연상을 이용한 이 방법은 매우 강력하기 때문에, 내가 단어들을 무작위로 선택한다고 해도 그 단어들은 내 기억 속에서 내가 배치한 지점에 단단하게 고정된다는 것을 느낄 수 있다. 이 방법을 사용하면 몇 주, 몇 달, 심지어는 몇 년 후에도 이 단어들의 대부분을 기억할 수 있다.[2]

장소 기억법의 효과는 앞에서 말한 단어들(빵, 의자, 바위 등)과 똑같은 단어들을 장소 기억법을 이용해 기억했을 때와 비슷한 단어들(예를 들어, 그림, TV, 시계, 유리잔, 서류가방, 주전자, 보트, 우유 같은 단어들)을 (장소 기억법을 쓰지 않고) 외워질 때까지 무작정 반복해 외울 때를 비교하면 쉽게 확인할 수 있다. 두 경우 모두 몇 분 후까지 기억이 지속된다는 점에서는 같지만, 몇 시간이 지나 다시 단어들을 기억해 보면 장소 기억법을 기억한 단어들이 훨씬 더 오래 기억된다는 것을 알 수 있다.[3]

장소 기억법이 효과가 있으려면, 기억하고자 하는 사물들을 나타내는 시각 이미지가 매우 크고 두드러져야 한다. 앞에서 든 예에서 내가 사물의 크기와 두드러짐을 강조한 데에는 이런 이유가 있다. 노란색 스포츠카, 사람들이 길을 건널 때마다 켜지는 신호등, 학생들을 환영하는 꽃, 칼 조각품 등은 모두 크고 두드러지는 사물이었다. 실제로, 버스 정류장 앞에 있는 엄청나게 큰 바위는 조약돌보다 훨씬 기억하기 쉽고, 이웃집 문 앞에 놓인 엄청나게 큰 숟가락은 길가에 떨어져 있는 작은 숟가락보다 훨씬 눈에 잘 띄고 기억하기 쉽다.

이 방법은 다른 종류의 단어들에게도 적용할 수 있다. 예를 들어, 어떤 사람의 이름을 기억하고 싶다면 그 사람이 버스 정류장에서 담배를 피우거나, 저글링을 하거나, 확성기에 대고 시를 읽는 모습을 상상하면 된다. 버스 정류장에서 아무것도 하지 않고 그냥 서 있는 사람보다는 이런 행동을 하는 사람이 훨씬 더 두드러져 보이고 기억하기도 쉬울 것이다. 마음속으로 이미지를 만드는 것은 추상적인 단어들을 기억하는 데도 도움이 된다. 예를 들어, "사랑"이라는 단어를 기억하고 싶으면 서로 안고 열정적으로 입을 맞추는 연인들을 상상할 수 있고, "정의"라는 말을 기억하고 싶으면 검은 법복을 입고 재판을 주재하는 법관을 상상할 수 있다. 같은 방식으로 우리는 숫자에도 이미지를 연결시켜 기억할 수 있다.[4]

만약 더 많은 것들을 기억하고 싶다면 참조 지점이 더 많이 필요하다. 예를 들어, 내 방에서 정원까지의 경로를 선택하다면 중간에 있는 벽난로, 주방 문, 오디오 등을 참조 지점으로 추가하면 된다. 이를테면, 식탁 의자가 6개라면 최대 6개의 사물을 이 의자들에 배치할 수 있다. 소파에도 사물 3개를 배치할 수 있다. 쿠션 하나당 하나씩 사물을 배치하면 된다. 여기서 중요한 것은 공간적인 순서를 유지하는 것이다. 내 방에서 정원까지 가는 경로를 상상하면서 참조 지점들의 순서는 항상 같게 해야 한다.

장소 기억법은 기억이 작동하는 방식의 여러 가지 흥미로운 측면들을 보여준다. 첫째, 시모니데스가 말했듯이, 기억 작동이 효율적이기 위해서는 기억하려고 하는 것들을 분류하는 것이 중요하다. 이렇게 분류를 해야 추론, 즉 서로 다른 기억들이 서로를 방해하는 것을 피할 수 있기 때문이다. 예를 들어, 앞에서 예로 든 단어들을 무작위로 외운다면 숟가락을 기억해 내는 데 문제가 생길 수 있다. 빵, 자동차, 의자 같은 단어들이 머릿속에서 같이 떠오르기 때문이다. 하지만 (빵, 자동차, 의자가 아닌) 숟가락이 이웃집 문 앞에 있다는 것을 떠올리면 숟가락을 훨씬 더 쉽게 기억해 낼 수 있다. 둘째, 기억 작동에는 시각의 역할이 중요하다. 키케로의 《웅변가론》에 따르면, 시모니데스는 시각이 가장 중요한 감각이라고 생각했다. 실제로 현재 우리는 우리 뇌의 상당 부분이 시각 처리에 집중한다는 것을 알고 있다. 우리 뇌는 이미지 처리를 위해 거의 모든 자원을 동원하며, 이미지는 숫자, 문자, 단어보다 훨씬 더 기억하기 쉽다. 셋째, 장소 기억법은 연상이 얼마나 중요한지 보여준다. 위의 경우는 장소로 사람이나 사물을 연상하는 것이 얼마나 효과가 있는지 보여준다고 할 수 있다. 일반적으로 우리가 어떤 장소에 다시 찾아갈 때 우리는 장소 자체뿐만 아니라 우리가 그 장소에서 무엇을 했는지도 기억한다. 넷째, 장소 기억법은 가장 기억하기 쉬운 사건은 우리의 주의를 가장 많이 끄는 사건이라는 사실을 이용한다. 장소 기억법은 감정을 불러일으키는 내용의 두드러진 이미지를 사용하는 방법이다. 모르는 여성이 길모퉁이에 서 있는 것보다는 우리 엄마가 길모퉁이에 서 있는 것을 훨씬 더 잘 기억할 수 있다.

・・・・・

 그렇다면 장소 기억법은 현재 우리에게 어떤 실용적인 의미를 가질까? 예를 들어, 우리는 마트에서 살 것들을 종이에 적을 수도 있고, 아는 사람들의 전화번호를 스마트폰에 미리 입력해 나중에 버튼을 누르기만 할 수도 있고, 스마트폰 GPS 기능을 이용하면 친구 집에 가는 길을 기억할 필요도 없다. 하지만 컴퓨터나 스마트폰, GPS 장치, 심지어는 종이도 없었던 아주 옛날에는 기억 능력이 매우 중요했다.[5] 요즘에는 한 시간짜리 강연을 하기 위해서 (파워포인트로 만든) 슬라이드를 준비한다. 강연을 할 내용을 기억하는 데 도움을 받기 위해서다. 강연을 위해 모든 내용을 외울 필요는 없다. 슬라이드를 화면에 띄우면서 구체적인 것들을 기억해 낼 수 있기 때문이다. 내가 대학에 다닐 때는 이런 장치들이 없었기 때문에 교수들은 종이에 메모를 해서 강의에 들어오곤 했다 (물론 같은 내용을 오랫동안 똑같이 강의한 교수들은 내용을 외워서 들어왔다).
 세금 인상을 주장하는 로마 원로원 의원이 있다고 생각해 보자. 이 의원은 카르타고의 침입에 대비해 전함을 새로 만들어야 한다고 주장할 수도 있고, 페르시아 제국에 맞서기 위해 군대를 강화해야 한다고 주장할 수도 있고, 신전을 새로 세우거나 수로를 정비할 자금이 필요하다고 주장할 수도 있다. 이 의원은 자신이 원로원에서 주장할 내용들을 잊어버리고 싶지 않지만 당시에는 그 내용을 기록할 종이가 없기 때문에 모든 내용을 외워야 한다. 고대에 기억술이 중요했던 이유가 여기에 있다. 특히 대중 연설을 할 때는 기억이 더 중요했다. 실제로 당시에 키케로의《웅변가론》, 퀸틸리아누스Quintilian의《연설가 교육론Institutio Oratoria》같은 글이 쓰인 것은 우연이 아니었다.[6]《연설가 교육론》의 저자는 이 주제에 대해 다음과 같이 말한다.

> 수사학을 현재의 영광스러운 위치에 올려놓은 기억술이 없었다면 우리는 기억의 힘이 얼마나 크고 신성한 것인지 결코 알 수 없었을 것이다. 기억술은 연설가에게 자신의 생각뿐만 아니라 자신이 하고자 하는 말을 기억할 수 있게 해주기 때문이다.
> ― 퀸틸리아누스《연설가 교육론》

플라톤의《대화편》에서 크리티아스Critias는 (연설을 하기 전에 다양한 신들을 인용해 달라고 요청을 받은 후에) 다음과 같이 주장한다.

> 여러분이 언급한 신들과 여신들 외에도 나는 특히 므네모시네Mnemosyne(그리스 신화의 기억의 여신)에 대해 말하고자 합니다. 나의 연설 중에서 중요한 모든 부분은 이 여신 덕분입니다. 내가 많은 것을 기억하고 외울 수 있다면 이 연설의 목적을 충분히 달성할 수 있다고 믿어 의심치 않습니다.
> ― 플라톤《대화편》중에서

고대에는 뛰어난 기억력을 갖는 것을 미덕으로 생각했다. 실제로 이런 뛰어난 기억력을 가진 사람들에 대한 기록이 매우 많이 남아 있기도 하다. 예를 들어, 고대 로마의 철학자이자 네로 황제 자문역이었던 세네카는 2000명의 이름을 순서대로 외울 수 있었으며, 고대 그리스의 카르마다스Charmadas는 책을 보지 않고도 마치 책을 읽는 것처럼 내용을 그대로 외울 수 있었으며, 21개 나라를 다스리던 폰투스 왕국의 미트리다테스Mithridates 왕은 21개 나라의 말로 재판을 할 수 있었으며, 페르시아의 키루스Cyrus 왕은 병사들의 이름을 모두 외웠으며, 루키우스 스키피오Lucius Scipio는 로마 시민의 이름을 모두 외웠으며, 피루스 왕의 대사였던 키네아스Cineas는 로마에 도착한 지 하루만에 로마 원로원 의원들의 이름을 모두 외웠다는 기록이 있다.[7] 장소 기억법과 관련해서는 회의주의 학파의 메트로도로스Metrodorus를 빼고 이야기할 수 없다. 키케로에 따르면 메트로도로스는 원 모양의 황도 12궁도를 360개 부분으로 분리한 다음 각 부분에 자신이 기억하고 싶은 것들을 "마치 밀랍 서판에 글자를 새기듯이" 할당해 확실하게 기억을 할 수 있었다고 한다.[8]

■ ■ ■ ■ ■

웅변술과 기억술은 중세에는 자취를 감췄지만, 15세기 말 르네상스 시대가 오자 다시 살아났다.[9] 기억술이 이렇게 재탄생하게 된 것은 여러 사람들의 노력에 의해서지만, 특히 이탈리아의 법학자인 라벤나의 피에트로Peter of Ravenna의 노력을 빼놓고 말하기는 힘들다. 라벤나의 피에트로가 콜럼버스가 신대륙을 발견하기 1년 전인 1491년에 출간한《불사조 또는 인공 기억Phoenix seu De artificiosa memoria》이라는 기억술에 관한 저서는 당시에 널리 보급되었는데, 여기서 저자는 기억술 연습으로 자신이 "교회법 전체와 키케로의 연설과 명언 200개, 철학자들의 명언 300개, 판례 2만 개"를 외울 수 있게 되었다고 썼다.[10] 이상하게도 라벤나의 피에트로는 장소 기억법과 관련해 장소를 선택할 때 조용한 장소를 골라 참조 지점들을 배치하길 권했다. 사람들이 거의 가지 않는 성당 같은 장소에 아름다운 처녀가 있는 이미지 같은 이례적인 모습 등을 상상하는 것이 기억에 도움이 된다고 말한 것이다. (이와 같은 예를 들며 저자는 신앙심이 깊은 이들에게 사과를 덧붙였다.)

16세기 초반 줄리오 카밀로Giulio Camillo는 대형 원형극장에 정보를 분류하는 상상을 했다. 이 원형극장은 모두 7개 층으로 구성되어 있으며, 각 층은 다시 7개의 구역으로 나눠져 있는 극장이다. 각각의 구역은 특정한 이미지로 나타내지며 각각 다른 종류의 지식에 관한 글이 쓰여 있다. 카밀로에 따르면 각 구역과 각 층의 이미지는 그 이미지와 관련된 지식의 기억을 나타낸다. 카밀로는 "관객으로 이 극장에 들어온 사람은 누구든 어떤 주제에 대해서도 키케로만큼 유창하게 연설할 수 있게 된다."고 말했다.[11] 카밀로는 당대의 모든 지식을 이 극장의 구역들에 배치하는 엄청난 일에 대해 언급하면서 "고대의 연설가들이 자신들이 외워야 하는 연설 내용을 취약한 장소(장소 기억법에서 사용되는 다양한 참조 지점들)에 연결시켰다면, 우리는 이를 바로잡기 위해 말로 표현할 수 있는 모든 것을 영속적인 장소에 할당하여 영구히 저장해야 할 것이다."라고 주장했다.[12] 카밀로 바로 이후에 등장한 철학자이자 우주론자이자 도미니크 수도회 수사인 조르다노 브루노 Giordano Bruno는 150개의 구역으로 이루어진 회전하는 동심원 구조의 정교한 기억술 바퀴 mnemonic wheel를 만든 다음 각 구역에 기억해야 할 것들과 그것들이 속한 범주를 나타내는 다양한 이미지와 기호를 부여했다. 브루노는 종교재판에 회부되어 과학의 순교자로 애석하게 목숨을 잃었는데, 니콜라우스 코페르니쿠스 Nicolaus Copernicus의 지구가 태양을 중심으로 공전한다는 지동설과 무한공간의 우주에 다른 지적 생명체의 존재 가능성을 인정하는 등 당시 기준의 혁명적인 생각을 가진 동시에 인간을 우주의 영혼을 나타내는 의식적인 존재로 보는 범신론적 관점을 지니고 기억술 개발에 이교도적이고 마법과 관련된 이미지를 사용했다는 사실을 생각하면, 그리 예상하지 못할 법한 일은 아니었다.[13]

르네상스 시기 동안 다시 꽃을 피운 기억술에 관한 이야기는 프랜시스 베이컨 Francis Bacon, 데카르트, 라이프니츠 같은 학자들의 저술에도 언급되어 있다.[14] 하지만 마지막으로 인류 역사상 기억술의 최고 대가 중 하나로 꼽히는 솔로몬 셰레셰프스키 Solomon Shereshevskii라는 비교적 최근 사람에 대한 이야기를 통해 기억술에 대해 간략하게 다룬 본 내용을 마무리하고 싶다.

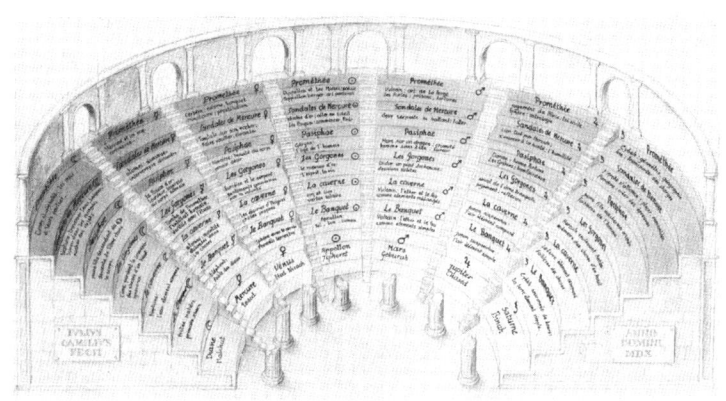

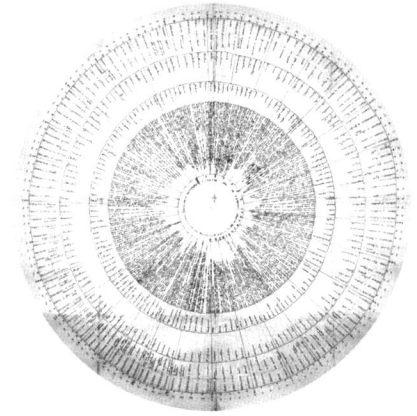 

그림 5.1 카밀로와 브루노의 기억 방법

역사가 프랜시스 예이츠가 재구성한 카밀로의 원형극장(위)과
조르다노 브루노의 기억술 바퀴(아래 왼쪽). 아래 오른쪽
사진은 브루노가 종교재판으로 사형을 당한 장소인
이탈리아 로마 캄포 티 피오리 광장에 있는 그의 동상.

······

솔로몬 셰레셰프스키는 1920년대에 러시아 모스크바에서 신문기자로 일을 한 사람이었다. 어느 날 그는 알렉산더 루리아 Alexander Luria라는 젊은 심리학자를 만나 자신의 문제를 털어놓았다(루리아는 나중에 러시아에서 가장 유명한 심리학자 중 한 명이 된다). 이상하게 들리지만 망각을 할 수 없다는 문제였다. 셰레셰프스키의 말을 믿기 힘들었던 루리아는 그의 기억력을 시험해 보기로 했다. 그 결과 루리아는 셰레셰프스키가 숫자 30개, 50개, 심지어는 70개나 되는 숫자들을 전혀 힘들이지 않고 기억할 수 있다는 사실을 발견했다. 그뿐이 아니었다. 셰레셰프스키는 그 숫자 리스트의 어떤 부분에서 시작하든 앞으로 또는 뒤로 숫자들을 외울 수도 있었다. 셰레셰프스키는 숫자든, 단어든, 소리든, 의미 없는 음절들의 조합이든 한 번만 보면 전체 순서를 그대로 기억에 저장했다. 셰레셰프스키의 이런 능력에 매료된 루리아는 30년 동안 그를 연구했고, 셰레셰프스키가 한 번 외운 것들은 망각하지 않는다는 사실을 확인했다.[15]

셰레셰프스키의 놀라운 기억 능력은 장소 기억법의 사용과 매우 강력한 공감각共感覺, synesthesia 능력에 의한 것이었다. 공감각 능력을 가진 사람들은 다양한 감각들을 지각에 활용한다. 예를 들어, 이런 사람들은 숫자에 색깔을 연결해 숫자 3을 "보면서" 보라색을, 4를 "보면서" 노란색을 연상할 수 있다. 하지만 셰레셰프스키의 경우는 이런 연상이 단순히 숫자와 색깔을 연결시키는 것을 훨씬 뛰어넘었다. 셰레셰프스키는 숫자뿐만 아니라 문자나 단어를 보고도 다양한 시각 이미지, 소리, 맛, 촉감을 연상했다. 루리아에 따르면 셰레셰프스키는 단어들이 불러일으키는 이미지들로만 단어들을 인식하고 기억할 뿐만 아니라 이 이미지들이 불러일으키는 복합적인 연상 결과들 전체를 이용해 단어들을 인식하고 기억했다. 예를 들어, 셰레셰프스키는 숫자를 특정한 이미지로 받아들였다. 1은 거만하고 체격이 좋은 남자, 2는 활발한 여자, 3은 우울한 사람, 6은 발이 부은 남자, 7은 콧수염을 기른 남자, 8은 매우 뚱뚱한 여자 등으로 인식한 것이었다.

　이런 공감각 능력을 가진 셰레셰프스키가 장소 기억법을 이용하는 것은 매우 자연스러운 일이었다. 셰레셰프스키의 뇌에는 이런 이미지들이 이미 매우 정교하게 새겨져 있었던 것이었다. 사

그림 5.2
알렉산더 루리아(왼쪽)와 솔로몬 셰레셰프스키(오른쪽).

물들의 리스트를 기억하기 위해 셰레셰프스키는 자신의 고향의 거리나 모스크바의 번화가를 머릿속에 상상해 그 거리 곳곳에 사물을 배치했다. 이렇게 하면 머릿속에서 그 거리를 천천히 돌아다니면서 보이는 것들을 큰 목소리로 말하기만 하면 되었다. 고대의 연설가들이 쓰던 방법과 같지만 셰레셰프스키의 방법은 훨씬 더 정교했다. 셰레셰프스키의 기억 능력에 대해서는 이 정도로만 이야기하려고 한다. 루리아가 쓴 책에 자세히 나와 있기 때문이다. 하지만 셰레셰프스키 사례의 매우 흥미로운 점 하나는 짚고 지나가고 싶다. 이런 놀라운 기억력을 가진 결과는 어떤 것이었을까?

셰레셰프스키는 결국 전문적인 기억술사가 되었다. 하루에 몇 회씩 공연을 하면서 그는 칠판에 쓰인 내용을 관객들에게 외워 보였다. 이 내용들이 끝도 없이 계속 기억 속에 쌓이면서 그는 괴로워지기 시작했다. 셰레셰프스키의 고통은 지난 장에서 망각의 중요성에 이야기할 때 언급한 보르헤스의 소설 속 주인공인 이레네오 푸네스를 떠올리게 한다.[16] 푸네스는 말에서 떨어져 머리 부상을 입은 뒤 모든 것을 기억하게 된 남자다. 하지만 고대 로마의 연설가들이라면 부러워했을 만한 이 능력, 플리니우스가 인간이 받을 수 있는 "자연의 가장 큰 선물"이라고 생각한 이 능력은 푸네스에게는 장애를 넘어서 일종의 저주였다. 실제로 보르헤스는 푸네스가 "생각을 잘 하지 못하게 되었다"면서 "생각하는 것은 차이를 망각하면서 일반화하고 추상화하는 능력이다"라는 결론을 내린다.[17]

푸네스가 기억한 것들이 결국은 "쓰레기 더미"로 전락한 것처럼 셰레셰프스키도 엄청난 기억력과 망각하고자 하는 역설적인 노력 때문에 어려움을 겪었다고 루리아는 말했다. 셰레셰프스키의 기억은 전적으로 시각 이미지를 통한 것이었으며, 그 기억에는 내부적인 논리가 전혀 없었다. 예를 들어, 새의 이름들이 포함된 리스트를 기억한 뒤 다시 액체의 이름들이 포함된 리스트를 기억하라고 했을 때 셰레셰프스키는 아무런 문제 없이 이 두 가지 리스트를 모두 기억했다. 하지만 새의 이름들만을 다시 기억해 보라고 했을 때는 그러지 못했다. 액체의 이름들만 다시 기억해 보라고 했을 때도 그는 그러지 못했다. 또한 루리아가 셰레셰프스키에게 기억할 특정 배열의 리스트를 주면 그는 시각 기억을 이용해 완벽하게 기억을 했지만, 사실 알고 보면 그 리스트에 있는 숫자들이 순서대로 나열되어 있다는 사실은 인식하지 못했다.

셰레셰프스키가 추론 능력 또는 사고 능력이 부족했다는 것은 그가 자신이 읽는 내용을 이해할 수 없었다는 뜻이다. 셰레셰프스키는 긴 글도 쉽게 암기해 몇 년이 지나도 그 글을 기억할 수 있었지만, 그 글의 내용을 이해해 추상화하지는 못했다. 바꿔 말하면, 보통 사람들은 문장 몇 개밖에 기억하지 못하지만 이야기를 추상화하고 추론해 이야기의 전개를 예측할 수 있는 반면, 셰레셰프스키는 단어 하나하나가 불러일으키는 수많은 기억들 그리고 그에 따라 연상되는 내용들과 힘겨운 싸움을 해야 했다는 뜻이다. 이 기억들과 연상들은 셰레셰프스키가 자신이 읽는 내용의 의미를 파악하는 것을 방해한 것이었다. 또한 셰레셰프스키는 자신에게 말을 하는 사람의 목소리 톤이 조금만 달려져도 그 달라진 부분을 기억하지 않을 수 없었다. 그러다 보니 그 사람의 무슨 말을 하는지 이해하지 못하게 되었다. 더 놀라운 사실은 셰레셰프스키가 사람들의 얼굴을 잘 기억하지 못했다는 것이다. 셰레셰프스키는 그 이유에 대해 "사람들의 얼굴은 계속 변화하고 얼굴 표정도 다양하기 때문에 혼란을 겪는다."라고 말했다.

19세기 후반 존 랭던 다운^{John Langdon Down}(다운 증후군이라는 증상의 이름은 이 사람의 이름을 딴 것이다)이라는 영국의 정신과 의사가 푸네스와 셰레셰프스키의 사례와 비슷한 사례 몇 건을 발견했다. 예를 들어, 다운은 에드워드 기번이 쓴 방대한 역사서인 《로마 제국 쇠망사》 전체를 내용의 이해 없이 외우는 소년을 발견했다. 다운은 이 현상을 이해하지 않고 기억만 하는 "언어 집착^{verbal adhesion}"이라는 이름으로 불렀다. 이런 서번트^{Savant}(프랑스어로 "현자"를 뜻한다) 증후군 환자 중 가장 유명한 사람으로는 킴 피크^{Kim Peek}를 들 수 있다. 피크는 영화 《레인맨^{Rain Man}》의 주인공의 실제 모델이기도 하다. 킴 피크의 기억 능력은 셰레셰프스키의 기억 능력처럼 거의 무한했고 여러 번 공개적인 검증을 받았다. 피크는 미국의 수천 개 도시들의 우편번호와 전화번호 국번, 지역 TV 방송국의 이름, 근처의 고속도로 이름을 외우고 있었다. 지난 2000년 동안 일어난 역사적 사건들을 다 외우고 있었으며, 역대 영국 왕들의 이름과 미국 내 모든 야구 경기 날짜도 외우고 있었다. 피크는 미국

사와 세계사, 세계의 지도자들, 지리, 영화, 영화배우, 음악에 대한 어떤 질문을 받아도 다 대답했으며, 한 번만 노래를 들어도 기억했고, 그 노래의 작곡 날짜, 작곡자, 작곡자의 태어나고 사망한 날짜를 모두 기억했으며, 스포츠, 문학, 성경 등 다양한 분야의 내용을 외우고 있었다.[18] 하지만 셰레셰프스키처럼 피크도 추론 능력이 매우 제한적이었다. 피크는 수천 권의 책 내용을 모두 외우고 있었던 것으로 추정되지만, 소설을 포함하여 단순 기억을 넘어 상상력을 자극하는 글은 아예 읽지 않았다. 대신 피크는 해석의 여지가 없고 모호하지 않은, 사실들만 쓰인 책만 읽었다.

지금까지 우리는 뇌가 매우 적은 양의 정보만을 선택해 중복적으로 처리하며, 뇌의 목표는 정확한 재생이 아니라 의미의 추출이라는 것을 살펴봤다. 이 점에서 볼 때 서번트들의 뇌는 컴퓨터와 비슷하게 작동한다고 할 수 있다. 컴퓨터처럼 서번트들의 뇌는 정보를 거르지 않으면서 모든 정보를 그대로 기록하지만, 의미를 구축하지 않으며 따라서 이해 능력이 없다고 할 수 있다.

우리의 지능은
더 발전할
수 있을까?

> 뇌의 얼마나 많은 부분을 우리가 사용하는지, 기억력 훈련이 가치가 있는지,
> 우리가 디지털 기기 및 인터넷을 통해 정보 폭격에 얼마나 노출되어 있는지,
> 기억과 이해의 차이는 무엇인지, 교육 현장에서의 창의성과 기억이
> 어떻게 (잘못) 사용되는지에 관하여

이번 장의 제목은 어떻게 보면 자기 계발서 제목처럼 보일 수도 있다. 하지만 이 책의 목적은 뇌 사용법을 알려주는 것이 아니라 뇌의 작동방식, 특히 기억의 작동방식을 설명하는 데 있다. 그렇다면 이번 장의 제목을 이렇게 대담하게 정한 이유가 뭘까? 그 이유는 자기 계발서 같은 책들에 넘쳐나는 잘못된 이야기들, "뇌 훈련 방법" 같은 이야기들이 대부분 터무니없다는 것을 밝히는 것이 중요하다고 생각하기 때문이다.

이 책을 쓰다 보니 내가 좀 모순적인 말을 하는 것으로 보일 수 있다는 생각이 들긴 한다. 어쨌든 나는 앞장에서 기억에 도움을 주는 인공적인 기법인 장소 기억법이 얼마나 놀라운 것인지 극찬했기 때문이다. 하지만 나는 장소 기억법에 대한 역사적·과학적 분석이 근본적으로 기억이 어떻게 작동하는지 밝혀줄 수 있고, 고

대에서 현대에 이르기까지 기억이 얼마나 중요성을 갖는지 보여줄 수 있다고 생각한다. 문서로 기록할 기회가 희귀했던 옛날 기억의 중요성은 특히 연설에서 두드러졌다. 하지만 오늘날 우리는 교육에서 기억의 올바른 역할과 디지털 기기들에게 우리의 기억을 맡긴 결과가 무엇인지, 그리고 인터넷이 우리 뇌에 어떤 영향을 미치는지 보여줄 수 있다고 생각한다.

· · · · ·

우리는 인간이 뇌의 10%밖에 사용하지 않는다는 말을 자주 듣는다. 이 말을 들으면 뇌를 더 많이 사용해 더 똑똑해질 수 있을 거라는 생각이 자연스럽게 든다. 뤽 베송이 감독하고 스칼릿 조핸슨이 주연한 영화 《루시Lucy》가 바로 이 생각을 기초로 만들어졌다. 이 영화에서 주인공은 뇌의 능력이 크게 확장되어 텔레파시 능력을 가질 정도가 된다. 영화가 얼마나 비과학적인지에 대한 논의는 일단 제쳐두자. 나는 이번 장의 제목이 제기하는 의문을 더 실용적이고 구체적인 의문으로 만들어 다시 제기하고 싶다. 우리는 기억 능력을 훈련해 더 많은 뉴런을 사용할 수 있을까? 뉴런의 수를 늘리면 우리는 더 똑똑해질 수 있을까?

차근차근 생각해 보자. 먼저, 우리가 뇌의 일부분만 사용한다는 말은 사실이 아니다. 사실 우리는 뇌의 모든 부분을 사용한다. 다만 항상 뇌의 전부를 사용하는 것이 아닐 뿐이다. 바꿔 말하면, 우리의 뉴런들의 일부만이 활성화되는 순간들도 있지만,[1] 필요하다면 뉴런이 거의 모두 활성화되는 순간들도 있다는 뜻이다. 만약 우리가 뇌 전부를 사용한다면, 즉 모든 뉴런이 동시에 발화한다면 우리는 뇌가 이렇게 뉴런을 활발하게 활동하게 만들기 위해서는 뇌의 에너지원인 포도당을 제공하기 위해 설탕을 계속 숟가락으로 퍼먹어야 할 뿐만 아니라,[2] 수많은 뉴런들의 특정한 기능들이 뒤죽박죽 섞이게 될 것이다. 따라서 모든 뉴런이 동시에 활성화된다고 해도 우리의 지능은 높아지지 않을 것이다.

실제로 간질 발작 대부분의 특징은 뉴런의 대규모 동시 활성화다. 간질에 대해서는 아직 많은 것이 밝혀지지는 않았지만,[3] 간질의 기본적인 메커니즘 중 일부는 상당히 자세히 밝혀져 있다. 특히 간질 발작은 간질 초점epileptic focus이라는 뇌의 특정한 영역에서 병리 활동이 발생해 시작되는 경우가 많다. 이 영역에 있는 뉴런들의 비정상적인 활동은 주변에 영향을 미쳐 결국 뇌의 상당한 부분에 전달된다. 간질 발작이 진행되면 환자의 뉴런들은 미친 듯이 발화한다. 이때 EEG(뇌파) 검사를 해보면 뇌파는 지진파 진폭과 비슷한 양상을 보인다는 것을 확인할 수 있다. 이 시점에서는 뇌 내 모든 뉴런의 10%가 훨씬 넘는 부분이 활성화된다. 하지만 그렇다고 해서 영화《루시》의 주인공처럼 초능력이 생기지는 않으며 뇌의 주인은 의식을 잃으며 대부분의 경우 이후에 일어나는 일은 전혀 기억하지 못한다.

뇌의 더 많은 부분을 사용한다고 해서 우월한 능력이 생기는 것은 아니라는 사실은 이제 확인했다. 그렇다면 더 많은 것을 기억하는 능력은 갖는 것은 어떨까? 우리는 앞장에서 셰레셰프스키, 푸네스, 서번트에 대해 살펴보면서 너무 많은 것을 기억하는 것이 심각한 정신적 장애를 일으킬 수 있다는 것을 알게 되었다. 하지만 셰레셰프스키가 가졌던 공감각 능력이 없고, 푸네스처럼 머리 부상을 당해 비상한 기억 능력을 가지고 된 것도 아니고, 서번트처럼 특별한 능력도 없는 우리 같은 사람들이 지나치게 많은 기억을 할 수 있는 정도까지 가지 않고 그 직전까지만 기억 능력을 향상시킬 수 있다면 어떨까? 단어가 기억이 안 나 좌절했던 적이 얼마나 많았던가? 주방에 뭔가를 가지러 갔다 막상 주방에 들어서서는 뭘 가지러 왔는지 잃어버린 적이 얼마나 많았던가?

▪ ▪ ▪ ▪ ▪

서번트나 셰레셰프스키와는 달리 "기억력 챔피언들"은 평범한 사람들이다. 이들은 하루에 많은 시간을 할애해 기억 연습을 하는 사람들일 뿐이다. 기억력 챔피언을 8번이나 지낸 도미니크 오브라이언Dominic O'Brien이라는 사람이 있다.[4] 2002년 대회에서는 54벌의 카드 묶음을 섞어 놓은 순서를 그대로 기억해 냈다. 오브라이언은 연습을 통해 자신이 이런 능력을 가지게 되었다고 말했다. 예를 들어, 그는 파티에 참석한 처음 본 사람 100명의 이름을 외우거나, 달력에 표시하지 않고 약속을 기억한다거나, 메모지 없이 연설 내용을 기억해 연설하는 연습을 했다.[5] 그렇다면 생각해 보자. 이런 기억 능력을 가지기 위해 하루에 몇 시간씩 연습을 하는 것이 과연 가치가 있는 일일까? 54벌의 카드 묶음 순서를 외우는 능력을 과소평가하는 것은 아니다. 일본의 엔지니어 하라구치 아키라 같은 사람이 원주율π을 소수점 이하 10만 자리까지 외우는 능력을 과소평가하는 것도 아니다. 기억력 챔피언들이 챔피언이 되기 위해 한 노력에 대해 평가를 깎아내리는 것도 아니다. 어쨌든 사람은 자신이 가진 시간으로 자신이 하고 싶은 일을 할 자유가 있으며, 직업적인 기억술사들은 섞인 카드들의 순서를 외우는 것이나 축구공 하나를 22명이 쫓아다니는 것을 보는 것이 별로 다를 게 없다고 주장할 수도 있다. 기억을 더 잘하기 위해 시간을 들여 장소 기억법을 연습하는 것이 문제될 것도 전혀 없다. 이런 연습은 집중 능력을 높이는 수단이 될 수도 있기 때문이다.

하지만 장소 기억법 같은 기법을 일상생활에 적용할 수 있는지에 대해서는 이야기하고 싶다. 장소 기억법 연습을 한다고 해도 우리가 더 똑똑해지지는 않으며, 우리의 전반적인 기억 능력이 강화되는 것도 아니라는 이야기다. 뇌를 계속 활동하게 만드는 것은 (건강에 좋은 음식을 먹거나 운동을 해서 건강한 몸을 유지하는 것처럼) 우리에게 좋은 일이지만, 특정한 기억 강화 방법을 연습하는 것은 책을 읽거나 언어를 배우거나 체스를 두는 것보다 결코 더 좋다고 할 수 없다. "특정한 기억 강화 방법"이라는 말에 주목하길 바란다. 대부분의 사람들이 생각하는 것과는 달리[6] 기억술 연습은 특정한 상황에서의 기억만을 강화할 뿐이다. 바꿔 말하면, 기억술 연습은 우리가 불러들이고자 하는 특정한 기억만을 쉽게 불러들이도록 해줄 뿐이며, 이렇게 특정한 영역에서만 기억이 좋아진다고 해서 다른 능력이나 전반적인 기억 능력이 좋아지지는 않는다는 뜻이다.

기억술 분야의 살아있는 전설인 도미니크 오브라이언을 보면서 나는 두 가지 생각을 하게 되었다. 첫 번째 생각은 파티에 온 새로운 사람 100명의 이름을 외우려면 그만큼 노력이 필요하다는 것이다. 바꿔 말하면, 다른 손님들이 파티를 즐기고 있을 때 기억술사는 이름을 외우는 데 집중해야 한다는 뜻이다. 그렇다면 이런 문제가 발생한다. 일상생활에서는 이 방법을 사용하기가 쉽지도 않고 이 방법을 사용하는 것이 재미있지도 않다는 문제다.[7] 기억술 연습에 아무리 많은 시간을 투자한다고 해도 결국 우리는 어떤 물건을 가지러 주방에 들어선 순간 뭘 가지러 왔는지 잊어버리게 될 것이고, 단어가 생각이 나지 않아 답답해지는 경험을 하게 될 것이다.[8] 이런 상황을 피할 수 있는 유일한 방법은 모든 것을 기억하기 위해 확실하고 지속적인 노력을 하는 것밖에는 없다. 완전히 불가능한 일은 아니지만 현실적으로 매우 힘든 일이다. 두 번째 생각은 기억에 의존하여 달력에 일정을 메모하지 않거나 쇼핑 리스트를 만들지 않는 노력이 실제로 우리에게 도움이 되는지 명확하지 않다는 생각이다. 의사가 진료실 행정 직원을 고용한다면 일정을 일일이 기억할 필요가 없다. 행정 직원에게 일정 관리를 맡기고 자신은 환자 진료에 집중하면 된다. 이와 마찬가지로, 내가 정보 관리를 디지털 기기에 맡긴다면 내가 일일이 일정을 기억하고 있지 않아도 된다. 달력에 일정을 메모하거나 컴퓨터나 스마트폰에 일정을 입력해 쉽게 일정 관리를 할 수 있는데 굳이 내가 그 일정들을 하나하나 기억할 필요가 있을까?

문제는 내가 아무리 기억력이 좋아도 사람의 이름, 약속, 전화번호를 기억하기 위해서는 노력이 필요하며, 그 노력은 다른 일을 하는 데 기울이는 것이 더 유리할 수 있다는 사실에 있다. 또한 머릿속에 온갖 약속들이 굴러다닌다면 나는 더 중요한 일에 집중하기가 힘들어질 것이다. 다음과 같은 생각이 드는 상황을 생각해 보자.

> 인터넷과 교육 시스템에 대해 다루면서 이 장을 끝내고 싶다. (……) 생각해 보니, 내일 우리 대학 부총장을 만나 우리 연구소 예산에 대해 이야기해야 한다. (……) 모레는 동료 교수와 만나 뭔가 이야기를 나눠야 하는데(그게 뭐였더라?). (……) 금요일에는 새로 입학한 학생과 면담을 해야 한다. 이 장에서는 암기 위주의 교육과 인터넷 사용에 대한 분석을 하는 게 중요하다. (……) 내일은 부총장을 만난 다음에 누군가를 만나기로 했는데, 그게 누구였지? 다음 주 약속하고 헷갈리는 건가?

과장된 것처럼 보이지만, 실제로 우리의 뇌는 멀티태스킹을 할 때 한꺼번에 여러 가지 생각을 하고, 동시에 수많은 것들을 기억한다. 물론 우리는 약속을 기억하는 동시에 책을 쓰고, 이와 동시에 다른 여러 가지 일을 할 수 있고 실제로 그렇게 한다. 훈련을 하면 약속을 기억하는 데 필요한 노력을 줄일 수 있는 것도 사실이다. 하지만 노력이 아무리 적게 든다고 해도 이 노력에는 자원이 필요하고, 그 자원은 우리가 다른 일에 쓸 수 있는 자원이다. 또한 훈련을 통해 약속을 더 쉽게 기억할 수 있게 될 수는 있지만, 우리가 외운 것을 계속해서 다시 떠올리지 않는 한(약속에 늦지 않기 위해 계속 시계를 들여다보는 일보다 짜증이 나는 일은 없을 것이다) 얼마 안 되어 우리는 외운 것을 모두 잊어버리게 될 것이다. 뇌를 훈련하는 것은 좋은 일이다.[9] 하지만 뇌를 훈련해 숫자, 날짜, 이름, 단어를 기억하는 것보다 더 유용한 일이 많이 있을 것이다.

・・・・・

기억력을 강화하는 방법에 대한 이야기를 하다 보니 우리 시대의 가장 중요한 도구 중 하나인 인터넷에 대한 이야기를 하지 않을 수 없다. 매우 논쟁적인 주제이긴 하다. 인터넷이라는 새로운 기술이 우리 뇌, 특히 기억력에 어떤 영향을 미치는지 한 번쯤은 생각해 보았을 것이다. 놀랍게도 이 주제는 플라톤이 오래 전에 생각했던 문제다. 물론 플라톤은 인터넷에 대해 생각하지는 않았다. 플라톤이 생각한 것은 글쓰기였다. 플라톤은 《파이드로스 Phaedrus》에서 소크라테스와 파이드로스가 일리소스 강가에서 나

눈 대화를 소개한다. 이집트의 파라오 타무스가 토트 신(고대 이집트 신화에 등장하는 지식과 과학, 언어, 서기, 시간, 달의 신)이 자신에게 준 선물인 문자를 거부하는 내용의 이야기다.

토트 신은 타무스에게 자신이 심혈을 기울여 발명한 것들을 이집트 사람들에게 널리 보급하라고 말한다. 타무스는 각 물건들의 용도를 물었으며, 토트가 그것을 설명할 때마다 그 주장의 타당성을 고려해 발명품에 대해 찬성과 반대를 표시했다. 그런데 '문자'에 도달했을 때 토트는 다음과 같이 주장한다. "문자는 이집트인을 지혜롭게 만들고 기억력을 좋게 해줄 것이다. 문자는 기억과 지혜를 늘려주는 특효약이다." 타무스가 대답한다. "재능이 뛰어나신 토트 신이시여, 기술의 발명자는 그 기술이 장차 이익이 될지 해가 될지를 판정할 수 있는 최선의 재판관은 될 수 없습니다. 문자의 아버지인 당신은 자손들을 사랑하여 발명해 낸 그 문자의 본래의 기능에 정반대되는 성질을 부여한 셈입니다. 문자를 습득한 사람들은 기억력을 사용하지 않게 되어 오히려 더 많이 잊게 될 것입니다. 기억을 위해 내적 자원에 의존하기보다 외적 기호에 의존하게 되는 탓이지요. 당신이 발명해 낸 특효약은 기억에 도움을 주는 것이 아니라, 회상에 도움을 주는 것입니다. 그리고 문자를 익힌 당신의 제자들은 진리가 아닌 진리의 유사품만 누리게 될 것이며, 많은 것을 듣고 전지전능해 보이지만 배운 것도 없고 아는 것이 없을 것입니다. 결국 그들은 진정한 지혜 대신 지혜에 대한 자만심으로 가득 차 사회에 짐만 될 것입니다."

― 플라톤《파이드로스 Phaedrus》

플라톤은 글쓰기가 결국 기억력에 영향을 미칠 수 있다는 우려를 확실하게 나타낸 것이었다. 앞의 글에서 "문자"라는 말을 "인터넷"으로 바꾸면 21세기에 뜨거운 토론 대상이 되고 있는 주제에 대해 플라톤이라면 어떤 입장을 취할지 상상할 수 있다. 물론 플라톤은 위대한 철학자다. 하지만 우리에게는 플라톤에게는 없었던 확실한 장점이 있다. 우리에게는 플라톤 이후 2500년 동안 축적된 경험, 즉 글쓰기의 가치를 알게 된 경험이 있으며, 그 경험은 우리에게 인터넷에 대해 너무 섣부른 판단을 하지 말라고 조언하고 있다.

현대의 인터넷의 출현을 15세기 구텐베르크의 인쇄기 발명에 의해 촉발된 혁명에 비교할 수도 있다. 인터넷과 관련 기기들은 우리에게 무한해 보이는 양의 정보를 제공하고 있다. 인쇄기는 인쇄기 등장 이전에는 소수의 도서관에만 있었던 책들을 대중이 쉽게 접할 수 있도록 만들었다. 구텐베르크 이전에는 책을 가지려면 원본을 손으로 모두 베껴 쓰는 길고 지난한 과정을 거쳐야 했다. 하지만 구텐베르크 이후 사람들은 책을 개인적으로 쉽게 소장할 수 있게 되었다. 오늘날 집에 책이 많아 우리가 덜 똑똑해질 수 있다고 걱정하는 사람은 아무도 없다.

그렇다면 인터넷에서 바로 찾을 수 있는 이름, 사실, 날짜 같은 것들을 왜 내가 굳이 기억해야 할까? 인터넷의 시대에 기억력을 이용하는 것은 전자계산기가 있는데 굳이 계산자(로그의 원리를 이용해 곱셈과 나눗셈, 삼각함수 등의 근사치를 계산할 수 있는, 자처럼 생긴 아날

로그식 도구)를 사용하는 것 같은 느낌을 준다. 하지만 여기에는 중요한 차이점이 있다. 인터넷은 우리의 기억력을 대체하는 것이 아니라 보강한다는 사실이다. 전자계산기는 계산자를 전혀 쓸모없는 도구로 만들었고, 학교에서 계산자 사용법을 가르치는 것을 무의미한 일로 만들었다. 전자계산기를 이용하면 구식 계산자를 이용할 필요가 전혀 없기 때문이다. 하지만 기억은 다르다. 구글 검색은 범위가 넓고 정확하다. 또한 구글 검색은 우리가 기억에 저장한 것들을 불러들이는 것보다 훨씬 빠르게 정보를 우리에게 줄 수 있다. 하지만 인터넷은 우리에게 제공하는 정보를 우리처럼 처리하지 않는다. 정보의 이해는 여전히 인터넷 사용자의 몫이라는 뜻이다.

앞부분 101쪽에서 라벤나의 피에트로를 언급하면서 나는 그의 《불사조 또는 인공 기억》이라는 책이 콜럼버스가 신대륙을 발견하기 1년 전에 출판되었다고 말했다. 그렇게 말함으로써 맥락이 분명해지기 때문이었다. 컴퓨터는 이런 종류의 추론, 즉 정보에서 의미를 추출하고 그 의미에 기초해 다른 사실들과의 연결 관계를 구축하는 일을 하지 못한다. 내가 어떤 일이 일어난 날짜를 알게 되었을 때 나는 그 사실을 맥락 속에 위치시키는 일을 한다. 그렇게 하면 그 날짜를 기억할 필요가 전혀 없게 된다. 내 관심은 내가 만들어낸 맥락과 연결 관계를 기억하는 데 있다. 정확한 날짜는 클릭 한 번으로 알 수 있기 때문이다. 계산자를 사용하는 과정과는 달리 이렇게 정보를 맥락 속에 배치하고 연결 관계를 구축하는 일이 사고 과정의 핵심이다.

그전에 쓴 책에서[10] 나는 우리가 문자 메시지, 이메일, 트위터, 카카오톡, 페이스북에 의해 정보 폭격을 당하고 있다는 점에 대해 자세히 언급했었다. 현재 우리는 하루에 신문 174개 분량의 정보에 노출된다. 1980년대에 우리가 노출되었던 정보량의 5배다.[11] 우리는 어디에나 스마트폰을 가지고 다니면서 이런 정보와 끊임없이 연결된다. 심지어 우리에게는 문자 메시지가 올 때마다 바로바로 확인해야 하는 강박, 즉 사이버 중독 증상이 생기기도 했다. 이메일이 도착할 때마다 별 내용이 없을 것이라고 확신하면서도 우리는 이메일을 열지 않고 얼마나 버틸 수 있을까? 스마트폰 없이 우리는 얼마나 버틸 수 있을까? 스마트폰 배터리가 떨어지기 전에 전원 콘센트를 찾지 않고 얼마나 버틸 수 있을까?

인터넷의 위험성은 인터넷이 무한하다는 사실에 있다. 우리는 우리가 소화할 수 있는 정보보다 더 많은 정보에 둘러싸여 있다. 우리는 인터넷으로 웹페이지를 보면서 한 페이지당 불과 몇 초밖에 머물지 않는다. 그 웹페이지에 있는 정보를 처리할 시간을 가지지 않는 것이다. 우리는 이해하는 대신 이런 겉핥기식 읽기를 하고 있다. 인터넷과 최첨단 기기들은 강력한 도구다. 하지만 우리는 인터넷과 최첨단 기기들을 주의해서 통제해야 하며, 이것들이 강요하는 엄청난 속도에 굴복하고 싶은 충동에 저항해야 한다.[12] 시각 미디어를 예로 들어보자. 뮤직 비디오는 끊임없이 앵글이 바뀌며 엄청난 속도로 화면이 전환되며 메시지 전달보다는 노래 진행에 맞춘 화려한 시각 이미지들에 치중한다. 반면 안드레이 타르코프스키Andrei Tarkovsky 감독의 영화는 극도로 진행이 느리다. 관객이 화면에서 심도 있는 메시지를 받아들이기에 충분한 시간을 주기 위해서다. 타르코프스키의 영화는 더 지속적인 방식으로 상상력을 자극하고 우리를 생각하게 만든다.

■ ■ ■ ■ ■

지능이 무엇인지에 대한 정의는 아직 확립되지 않았지만(쉬운 일이 아니다) 분명하게 밝혀진 것이 하나 있다. 지능은 기억력과 매우 다르다는 사실이다. 하지만 우리는 의도하건 의도하지 않건 기억력을 지능과 연결시켜 생각한다.[13] 역사적인 사건들, 철학적인 주장, 문학작품을 잘 기억하는 사람은 지적인 사람으로 생각되기 때문이다. 하지만 이 생각은, 똑똑한 사람들은 대부분 지적인 호기심이 많기 때문에 역사적인 사건 등을 공부하고 기억한다는 사실에 기인한 잘못된 생각이다.

중요한 것은 얼마나 많이 기억하는가가 아니라 어떻게 기억하는가다. 나는 지능이 창의력, 새로운 것을 알아차리는 능력, 별개의 두 가지 사실에서 예상치 못한 연결 관계를 만들어내는 능력과 밀접한 관계가 있다고 생각한다. 뉴턴의 천재성은 나무에서 사과를 떨어지게 만드는 힘이 달이 지구 주위를 돌게 만드는 힘과 같은 힘, 즉 중력이라는 것을 깨달은 데 있다. 몇백 년 후 아인슈타인은 일반상대성 이론에서 놀라운 관계를 밝힌다. 아인슈타인은 중력의 효과가 우주를 비행하는 우주선을 가속시키는 힘이나 엘리베이터가 움직이기 시작할 때 우리가 우리를 당긴다고 느끼는 힘의 효과와 같다는 것을 발견한 것이었다.

사실을 무작정 암기하다 보면 우리의 관심은 정말 중요한 것으로부터 멀어질 수밖에 없다. 무작정 암기하다 보면 의미를 구축하고 연결 관계를 인식하는 데 필요한 깊은 수준의 이해, 즉 지능의 기초를 구성하는 깊은 수준의 이해로부터 멀어질 수밖에 없다는 뜻이다. 장소 기억법은 우리가 외우는 것들을 이해하는 데 전혀 도움을 주지 않는다. 실제로 장소 기억법은 우리의 이해를 방해하는 외우기 기법에 불과하다. 앞장에서 살펴보았듯이 셰레셰프스키는 장소 기억법을 이용해 긴 리스트를 쉽게 외울 수 있었지만, 그 리스트의 내용은 이해하지 못했다. 셰레셰프스키는 리스트에 있는 사물 중에서 액체 이름만 골라내라고 했을 때 그렇게 하지 못했고, 자신이 외운 숫자들이 연속된 숫자들이라는 것도 알지 못했다. 셰레셰프스키는 장소 기억법을 이용해 리스트를 외웠지만 우리가 무의식적으로 하는 분류는 전혀 하지 못했고 숫자들의 순서에서 기본적인 패턴을 찾지도 못했다. 창의적이고 지적이려면 우리는 단순히 기억하는 수준을 넘어 서로 완전히 다른 과정들을 수행해야 한다. 개념들을 완전히 이해하고 의미를 추출해야 하는 것이다. 외우는 일에만 집중하면 이해하고, 분류하고, 개념화하고, 연상하는 능력이 제한된다. 외우는 과정처럼 이 과정들도 기억을 저장하는 데 도움이 되지만, 이 과정들은 외우는 과정보다 더 정교하고 유용한 방식으로 기억 저장에 도움을 준다. 교육 시스템에서 강조되어야 할 과정들이 바로 이 과정들이다.

앞에서 우리는 기억이 고대에 특히 연설을 위한 도구로서 중요했다는 사실을 살펴봤다. 또한 우리는 현대에는 기억의 중요성이 훨씬 더 상대적이라는 사실도 살펴봤다. 하지만 이상하게도 현재의 교육 시스템은 여전히 외우는 능력을 중시한다. 마치 우리는 학생들을 고대 로마의 원로원 의원으로 만들려고 하는 것 같다. 학생들은 하나의 주제를 공부하다 갑자기 다른 주제로 넘어가고, 며칠이면 잊어버릴 사실들을 반복해서 외우고 시험에 의해 그 결과를 평가 받는다. 학생들은 수많은 날짜, 장소, 위인들의 이름을 외운다. 학생들은 이런 정보들을 반복해서 외운 다음 시험을 볼 때 다 쏟아내고, 시험이 끝나면 다시 새로운 것들을 외운다. 남아메리카의 강과 산의 이름들, 삼단논법의 유형들을 외운다. 우리에게는 외워야 할 것들이 너무 많다. 또한 우리는 그 외우는 능력을 기초로 평가된다. 학원에서 외우는 방법을 가르치는 것은 문제를 더 악화시키고 있다. 우리는 생각하는 법이 아니라 외우는 법을 배운다. 그렇게 많은 것을 외우려고 노력하는 것은 망각이라는 피할 수 없는 과정을 피하기 위해 물살을 거슬러 노를 젓는 것과 같다. 이렇게 하다보면 우리의 사고 능력은 줄어들 수밖에 없다. 나는 "학습"이 이런 것이 아니라고 생각한다. 우리는 데이터를 단순하게 외우는 능력이 아니라 데이터를 처리하는 능력을 평가하고,

그 능력에 가치를 부여해야 한다.

・・・・・

 캘리포니아 공과대학 신경과학 교수이자 내 멘토 중 한 명인 리처드 앤더슨Richard Andersen은 강의는 많아야 한두 개의 메시지만 전달해야 한다고 말했다. 앤더슨은 기억을 연구하지는 않지만,14 명강연자인 그는 두 개가 넘는 메시지를 전달하려고 하면 듣는 사람들이 혼란스러워져 결국 아무것도 기억하지 못할 가능성이 높다는 것을 알고 있었다. 물론 1시간 강연을 하면서 메시지 한두 개만을 반복해서 이야기할 수는 없다(메시지 하나를 전달하는 데는 몇 초면 충분하다). 강연의 내용은 이 한두 개의 메시지를 발전시켜 듣는 사람이 쉽게 기억할 수 있도록 구성되어야 한다. 내 생각에 좋은 대중 강연의 비밀은 전달하려고 한 메시지에 대한 확실한 지식과 듣는 사람이 강연을 들은 후 일주일, 한 달, 몇 년이 지나서도 다시 그 메시지를 떠올릴 수 있도록 전달하는 방법에 있다. 구체적인 사실들을 꼼꼼하게 열거하는 강연 방식을 좋아하는 사람도 있을 것이다. 하지만 이런 구체적인 사실들은 핵심 주제를 강화하는 역할을 해야지, 핵심 주제와 경쟁을 해서는 안 된다(물론 이런 구체적인 사실 중 일부를 나중에까지 기억하는 사람도 있을 수 있다).

 물론 지금 내가 하고 있는 말은 내 개인적인 의견이지 절대적인 진리는 아니다. 이런 생각을 한 것은 당연히 내가 처음이 아니고 학교가 학생들에게 외우라고 가르치지 말고 생각하라고 가르쳐야 한다는 말은 이미 상투적인 문구가 되어버렸다. 나는 이런 주장에 대한 신경과학의 가장 큰 기여는 인간의 뇌가 정보를 처리하고 저장할 수 있는 능력이 매우 제한적이라는 사실을 밝혀낸 것이라고 생각한다. 교사는 한 학년 동안 교과과정 전부를 가르치기 위해 최선을 다한다. 학생들이 교과과정에 있는 내용들을 완전히 배우길 기대하기 때문이다. 하지만 교사가 잘 모르는 사실이 있다. 교사가 아무리 열심히 노력을 해도 학생들은 배운 내용의 상당 부분을 잊어버린다는 사실이다. 교사는 다양한 주제에 대해 하나씩 가르치면서 교과과정 전체를 완전히 가르치지만, 학생들은 배운 내용의 거의 대부분을 곧 잊어버린다. 모든 주제를 다루지 않고, 가르칠 주제를 몇 개로 축소해 반복적으로 가르친다면 훨씬 더 효과적일 수 있을 것이다. 앞에서 강연에 대해 이야기한 것처럼 교사는 자세한 사항들과 관련된 내용을 덧붙일 수 있겠지만, 항상 자신이 전달하고자 하는 핵심 개념들을 앞으로 내세워야 한다. 학생들은 핵심 개념들만 기억할 것이기 때문이다.

4장에서 우리는 반복이 기억 응고에 도움이 된다는 19세기 후반 에빙하우스의 이론을 살펴봤다. 하지만 같은 주제의 계속적 반복은 기억에 도움을 주는 반복과는 매우 다르다. 실제로 나는 학생들에게 같은 사실을 계속 반복해 외우는 방법과 정반대의 방법을 권한다. 같은 주제에 대해 여러 번 생각하는 것은 좋지만, 생각할 때마다 다양한 연상 작용을 통해 다른 느낌, 다른 맥락으로 주제에 대해 생각해야 한다는 것이 내 생각이다. 기억 응고를 훨씬 더 공고하고 깊게 만드는 것은 무작정 반복해서 외우는 것이 아니라 바로 맥락 만들기와 연상 작용이다. 라벤나의 피에트로가 쓴 《불사조 또는 인공 기억》에 대해 나는 이 책이 1491년에 출간되었는지 확인하기 위해 인터넷을 검색하거나 책을 찾아보지 않았다. 이 책의 출간 연도를 외우기 위해 장소 기억법 같은 기억술을 사용하지도 않았다. 나는 이 책이 콜럼버스가 아메리카 대륙을 발견하기 한 해 전에 출간되었다고 생각하면서 출간 연도를 맥락에 배치한 것뿐이다. 이런 연관 짓기를 통해 나는 이 책의 출간 연도를 망각하는 게 거의 불가능해졌다. 또한 이 연관 관계 자체는 1491이라는 4자리 숫자를 외우게 해주는 기억술보다 훨씬 더 유용하다. 게다가 내가 앞으로 콜럼버스의 항해와 이 책을 연관시킬 때마다 콜럼버스의 아메리카 대륙 발견 날짜는 더 깊게 내 기억에 각인될 것이고, 그 기억은 관련된 수많은 연상 작용을 일으킬 것이다.

■ ■ ■ ■ ■

윌리엄 제임스와 아리스토텔레스(《기억과 상기에 대하여 De memoria et reminiscentia》)가 주장했듯이 연관 짓기(연상)는 강력한 기억 응고 메커니즘이다. 연관 관계와 맥락을 만들어내면 특정한 사실을 기억할 필요가 없게 된다. 관련된 다른 사실들을 떠올린 다음 연상을 통해 기억해 내려고 하는 것을 찾아내면 된다. 윌리엄 제임스는 다음과 같이 썼다.

> 우리는 어떤 생각 자체가 떠오르지 않으면 그 생각과 연결된 특정한 생각들을 한다. 우리는 이 특정한 생각들을 하나씩 하면서 그 특정한 생각들 중 어떤 생각이 우리가 찾고 있는 생각을 떠올리게 해주길 바란다. 그 특정한 생각들 중 어떤 한 생각이 우리가 찾고 있는 생각을 떠올리게 해준다면, 그 특정한 생각들 중 어떤 한 생각은 연상을 통해 우리가 찾고 있는 생각과 연결된 생각이라고 할 수 있다. (……) 따라서 "뛰어난 기억력의 비결"은 우리가 저장하고 싶은 모든 사실과 다양하고 다층적인 연관 관계를 형성하는 것이라고 할 수 있다. 하지만 어떤 사실과 이런 연관 관계를 형성하는 것은 그 사실에 대해 가능한 많이 생각하는 것과 다름이 없다.[15]

지금까지 나는 앞에서 인문학과 사회과학 분야에 발견되는 교육 시스템의 문제에 대해 지적했다. 자연과학 분야의 교육 방법과 평가 방법은 상대적으로 더 합리적인데 자연과학 분야에서는 공식을 무조건 외우는 것이 거의 의미가 없기 때문이다. 자연과학 지식은 일반적으로 문제 풀기를 통해 테스트된다. 학생들은 동일한 공식을 다양한 상황에 적용하면서 수업과 시험에서 수많은 문제를 푼다. 학생들은 동일한 공식을 다양한 문제에 적용하면서 정보를 반복하는 수준을 넘어서 공식의 의미를 이해하기 시작한다. 학생들은 계산을 잘하거나 상수의 값을 기억하는 것이 중요한 것이 아니라 어떻게 공식을 적용하는지가 중요하다는 것을 알게 된다. 학생들은 먼저 문제를 이해한 후 공식에 기초해 문제 해결 방법을 구축한 다음 결과를 낸다. 어린이 입장에서 가장 하기 힘든 것이 바로 이것이다. 어린이는 "4 곱하기 8"의 답을 구하는 문제가 4남매가 각각 한 달에 8달러를 벌 때 이 4남매가 한 달 동안 버는 돈이 얼마인지 맞히는 문제와 같은 문제라는 것을 이해하기 힘들어한다. 어린이가 4남매 문제를 풀려면 먼저 학습과 기억의 핵심인 추상화와 의미 추출이라는 과정을 수행해야 하기 때문이다.[16]

・・・・・

이번 장에서 우리는 여러 가지 주제를 다뤘다. 하지만 교훈은 동일하다. 뇌의 능력은 한계가 있으며, 우리는 뇌의 능력을 외우는 것이 아니라 이해와 사고에 집중해야 한다는 것이다. 새로운 기술에는 항상 양면성이 있다. 민간 여객기를 공중에 띄우는 힘은 군용 폭격기를 띄우는 힘과 같은 힘이다. 도시의 밤을 밝혀주는 핵반응은 도시를 몇 초 만에 잿더미로 만들 수 있다. 인터넷과 21세기의 첨단 기기도 마찬가지다. 인터넷과 첨단기기는 우리가 기억과 사소한 일들을 이들에게 맡기고 더 중요한 생각에 집중할 수 있게 해준다. 하지만 이 첨단기술은 우리에게 (우리가 다 소화하지 못하는 양의) 정보를 폭격해 우리의 사고 능력을 저해한다. 이 첨단기술은 우리의 자유 시간을 잡아먹는다. 이 자유 시간, 즉 지루하고 비생산적으로 보이는 시간은 우리가 가장 창의적이 될 수 있는 시간이다.

하지만 인터넷을 현명하게 사용하는 것은 사실 우리의 결정이다. 스마트폰을 언제 켜고 끌지, 얼마나 인터넷 웹페이지를 빠르게 읽을지 결정하는 것은 바로 우리다. 이 첨단기술은 우리의 이해를 도울 수는 있지만 이해 자체를 대체할 수는 없다. 우리는 이 첨단기술의 노예가 아니라 주인이 되는 법을 배워야 한다. 또한 우리는 받아들이는 정보의 양을 적당히 조절해야 한다. 정보가 너무 많으면 우리의 뇌가 포화되어 생각을 할 수 없게 되고, 반대로 정보가 너무 적으면 사고를 발전시킬 원천이 부족해진다. 교육 분야에서도 같은 종류의 균형을 유지해야 하는데, 상대적으로 적은 양의 생각만 대들보로서 기초화되어 그 주변에 각종 연상과 맥락이 얽히도록 해야 한다. 또한 우리는 하나의 주제에 대해 바로 다른 주제로 넘어가면서 수많은 주제들을 피상적으로 가르치는 것을 피해야 한다. 이런 방법은 무작정 외우는 것을 부추기며, 진정한 지식의 기둥들이 형성되는 것을 방해하기 때문이다.

7
기억의
종류

■ ■ ■ ■ ■

기억의 분류, 다중기억구조모델, 환자 HM의 사례,
서술 기억과 절차 기억의 차이에 대하여

나는 자전거 타는 법, 운전하는 법, 미적분 계산하는 법을 기억하고 있다. 베토벤 교향곡 5번의 첫 마디가 어떻게 시작하는지, 지난 내 생일, 엄마의 이름도 기억하고 있고, 이번 장을 어떤 말로 시작하려고 했는지도 기억하고 있다. 이 모든 기억은 근본적으로 다 같은 종류이며, 뇌 안의 같은 영역에서 같은 과정을 통해 형성되고 저장되는 것일까? 곧 살펴보겠지만, 답은 "아니다"다.

기억의 분류는 교과서에 따라 다르다.[1] 기억은 의미 기억semantic memory, 일화 기억episodic memory, 시각 기억, 청각 기억, 단기 기억, 장기 기억, 정서 기억emotional memory, 작업 기억working memory 등 다양한 기억으로 분류된다. 이 모든 기억 유형들에 대해 자세한 설명은 이 책의 범위를 벗어난다. 이 책에서는 이런 기억들 간의 가장 중요한 차이점에 대해서만 다루고자 한다. 4장에서 우리는 에빙하우스의 단기 기억과 장기 기억 구분에 대해 다뤘다. 단기 기억은 몇 초 동안 지속되며 일반적으로 우리의 과거 경험의 일부가 되지 않는 현재에 일어나는 일련의 사건들에 대해 인식하게 해준다. 장기 기억은 몇 분, 몇 시간, 몇 년 동안 지속되는 기억이다. 장기 기억은 과거의 사건을 현재로 다시 꺼낼 수 있게 해주며, 우리가 이전에 그 과거의 사건을 경험했다는 것을 인식하게 해준다. 또한 우리는 반복이 기억을 어떻게 응고하는지, 즉 반복이 어떻게 단기 기억을 장기 기억으로 변환하는지에 대해서도 살펴봤다. 또한 단기 기억은 대부분 빠르게 망각 속으로 사라지는데, 앞으로 살펴보겠지만, 가장 극적인 기억 상실은 그보다 더 빠르게 일어난다.

■ ■ ■ ■ ■

1960년 미국의 심리학자 조지 스펄링 George Sperling은 매우 간단하지만 기발한 실험을 해서 결과를 발표했다.[2] 스펄링은 먼저 실험 참가자들에게 알파벳을 짧은 순간 동안 보여준 후(0.05초 동안 알파벳 4개로 이뤄진 줄 3개, 즉 12개의 알파벳을 보여줬다), 얼마나 많은 알파벳을 기억하고 있는지 확인했다. 참가자들이 기억하고 있는 문자는 3~4개였다. 두 번째 실험에서 스펄링은 참가자들에게 이번에는 알파벳 줄 3개 중 한 줄에 있는 알파벳들만 기억하라고 요청했다. 참가자들은 12개 알파벳들로 이뤄진 줄 3개가 시야에서 사라진 직후 저음을 들었을 때는 첫 번째 줄, 중음을 들었을 때는 두 번째 줄, 고음을 들었을 때는 세 번째 줄의 알파벳들 중에서 기억나는 것을 말했다. 참가자들은 실험자들이 자신에게 어떤 소리를 듣게 해서 어떤 줄의 알파벳들을 기억하라고 할지 알 수 없었다. 따라서 참가자들은 첫 번째 실험에서 기억한 문자 수의 3분의 1, 즉 문자 1~2개를 기억할 것이라고 스펄링은 예상했다. 하지만 결과는 예상을 뒤집는 것이었다. 참가자들은 이번에도 3~4개의 알파벳을 기억했던 것이다. 이 결과로부터 스펄링은 참가자들이 처음에 아주 짧은 순간 동안 12개 알파벳 전체의 이미지를 기억에 저장한다고 추론했다. 이 추론을 바탕으로 스펄링은 단기 기억보다 시간적으로 우선하고 매우 짧은 순간 동안만 정보를 저장하다 사라지는 감각 기억sensory memory이 존재한다는 가정

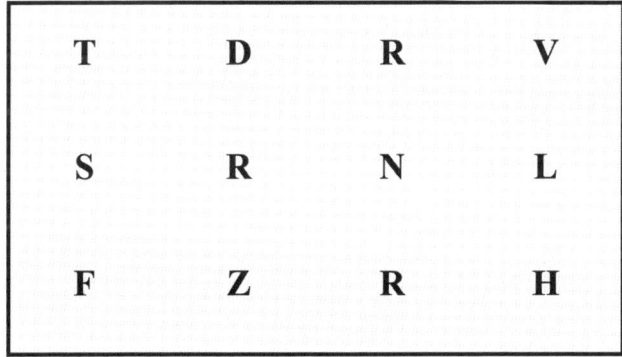

그림 7.1
스펄링이 감각 기억 연구를 위해 사용한 알파벳 테이블.

을 하게 되었다. 이 감각 기억, 즉 뇌에 저장되는 12개의 알파벳 전체의 이미지는 알파벳 3~4개를 기억해 내는 데 걸린 시간 동안에 지워진다는 것이 스펄링의 생각이었다. 스펄링은 실험 참가자들이 12개의 알파벳 전체를 기억하라고 요청받았을 때처럼 특정한 알파벳 줄을 기억하라고 요청받았을 때도 알파벳 4개 모두를 기억하는 경우가 많았던 이유가 바로 여기에 있다고 추론했다.

스펄링의 이 실험 결과는 감각 기억이 주의 메커니즘attention mechanism을 통해 단기 기억으로 바뀐다는 것을 추론할 수 있게 해준다. 신호음을 통해 특정한 줄의 알파벳들을 기억하라는 지시를 받았을 때 실험 참가자들은 그 줄에만 집중하고 나머지는 버렸다. 스펄링은 신호음을 들려주는 시간을 다양하게 조절한 결과, 특정 줄의 알파벳들을 기억하는 능력이 알파벳 테이블을 본 시점과 신호음을 들은 시점 사이의 간격이 커지면 상당히 크게 떨어진다는 사실을 발견했다. 이는 감각 기억이 1초의 몇 분의 1도 안 되는 짧은 순간 동안만 지속된다는 뜻이다.[3] 바꿔 말하면, 감각 기억은 우리가 매우 짧은 시간 우리가 주의를 기울이는 것을 기억할 수 있게 만들며, 단기 기억으로 전환되어 우리의 현재를 구성하는 생각들의 흐름을 형성한다는 뜻이다. 한편, 우리가 다시 떠올리고 응고시키는 것들은 장기 기억에 새겨져 과거에 대한 우리의 인식이 된다. 이른바 앳킨슨-쉬프린 모델Atkinson-Shiffrin model은 바로 이 메커니즘을 기초로 한 모델이다.[4]

이 모델에 따르면 기억은 지속 시간에 따라 감각 기억, 단기 기

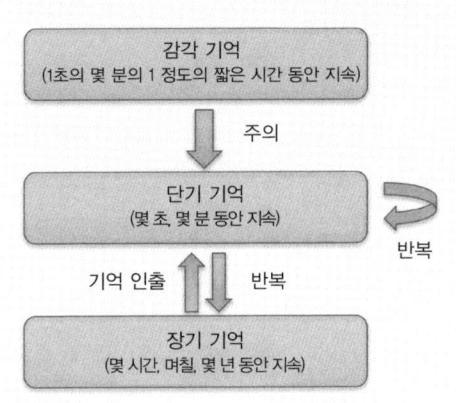

그림 7.2
앳킨슨-쉬프린 기억 저장 3요소 모델

억, 장기 기억으로 분류된다. 이런 기억들 외에도 작업 기억을 따로 분류할 수 있다. 작업 기억은 필요할 때마다 우리가 일시적으로 정보를 저장하기 위해 사용하는 기억을 말한다. 예를 들어, 암산을 하는 경우에 작업 기억이 사용된다.[17×3을 머릿속으로 계산할 때 나는 7×3을 먼저 계산해 일시적으로 그 결과를 저장한 다음, 10×3을 계산한 결과에 더해(21 + 30) 답을 낸다.] 하지만 이런 다양한 기억들 사이의 가장 중요한 차이점을 보여주는 것은 이제부터 다룰 한 환자의 사례다.

헨리 몰레이슨Henry Molaison에게 간질 발작 증상이 처음 나타난 것은 10살 때 머리에 심각한 부상을 입은 후부터였다. 간질은 청소년기에도 악화되었고, 1953년 9월 신경과 의사 윌리엄 스코빌William Scoville은 몰레이슨 뇌의 양쪽 해마hippocampus(간질 발작과 관련이 있는 해마 모양의 뇌 내 구조)와 주변 영역을 수술로 제거했다. 이 수술로 간질 발작 증상은 없어졌다. 하지만 불행하게도 이 수술로 헨리 몰레이슨HM은 과학 역사상 가장 유명한 환자로 남게 되었고, 이 수술은 신경과학과 기억 연구의 역사를 근본적으로 바꾸게 된다.

수술 직후 HM은 정상적으로 회복을 하는 듯이 보였다. 하지만

 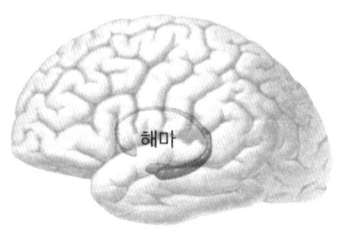

그림 7.3
수술 전 헨리 몰레이슨의 모습(왼쪽)과 뇌 내 해마의 모습. 해마는 양쪽 뇌 반구 안쪽으로 몇 센티미터 들어간 위치에 있으며 귀의 높이와 비슷한 높이에 있다.

곧 비참한 결과가 나타났다. HM은 병원 의료진을 알아보지 못했고, 일상생활에서 일어난 일도 기억하지 못했다. HM은 새로운 기억을 만들지 못하게 된 것이었다.[5]

수술 후 1년 반 넘게 심리 테스트를 실시한 결과에 따르면, HM은 심리 테스트 날짜가 1953년 3월이라고 대답했고(실제로는 1955년이었다), 자신이 27세라고 말했다(실제로는 29세였다). HM은 처음 듣는 새로운 단어들의 의미를 이해하지 못했으며, 수술 후에 만난 사람들은 다시 알아보지 못했다. 자신이 수술을 받았다는 것만 간신히 기억하고 있었다. 반면, HM의 시각 지각과 (기억을 사용하지 않는) 추론 능력은 정상이었다. HM은 대화도 정상적으로 했다. 이는 그의 단기 기억이 정상적으로 작동하고 있었다는 뜻이다. 단기 기억이 작동하지 않았다면 그는 문장을 제대로 구성할 수도, 일관성 있게 말을 할 수도, 다른 사람이 하는 말을 이해할 수도 없었을 것이기 때문이다. 실제로 HM은 숫자 6~7개의 순서를 기억할 수 있었으며, 다른 사람이 자신에게 한 말을 짧은 시간 동안 기억할 수 있었다. 하지만 HM이 이 기억들을 연장할 수 있는 방법은 끊임없는 반복밖에 없었다. 그렇게 하지 않으면 HM은 다른 사물에 주의를 돌리는 순간 그 기억들을 잃었다.

■ ■ ■ ■ ■

HM의 사례는 해마가 장기 기억 형성에 핵심적인 역할을 한다는 결정적인 증거를 제공한다. 하지만 기억 연구에 대한 HM의 기여는 이 수준을 훨씬 넘어선다. 캐나다의 심리학자 브렌다 밀너Brenda Milner는 HM을 수십 년 동안 연구하면서 HM이 새로운 기술을 습득하는 능력을 시험했다(HM은 밀너를 볼 때마다 처음 보는 사람이라고 생각했다). 밀너는 HM에게 거울에 비친 별과 자신의 손만 보면서 별과 별 사이의 공간을 따라 선을 그으라는 요청을 받았다. 몇 번의 반복을 거친 결과, HM이 선을 긋는 능력은 놀라울 정도로 좋아졌다. 매번 같은 선을 그으면서도 자신이 과거에 선을 그었다는 것을 기억하지 못했음에도 그랬다. 자신이 했었다는 것을 기억하지도 못하는 일을 하는 능력이 어떻게 좋아진 것일까?

밀너의 실험 결과는 운동 능력을 관장하는 기억이 별도로 존재한다는 것을 보여준다. 이 기억은 현재 절차 기억procedural memory 또는 암묵 기억implicit memory이라고 부르는 기억의 일부다. 우리가 자전거를 타거나, 신발 끈을 묶거나, 운전을 할 때 사용하는 기억이 바로 이 기억이다. 이 기억은 (HM에게서 제거된) 해마에 의존하지 않는다. 이와는 대조적으로, 사실과 사건 그리고 이름이 붙을 수 있는 사물과 의도적으로 기억해 내는 것들에 관한 기억인 서술 기억declarative memory 또는 외현 기억explicit memory은 해마에 의존한다. HM은 해마가 제거됨에 따라 이 기억이 와해된 것이었다.

따라서 기억은 지속시간 외에도 기억 내용을 기준으로 분류할 수 있다고 할 수 있다. 서술 기억은 의미 기억(사람, 장소, 개념에 대한 기억, 즉, 프랑스의 수도 이름을 떠올리게 해주는 기억)과 일화 기억(사건

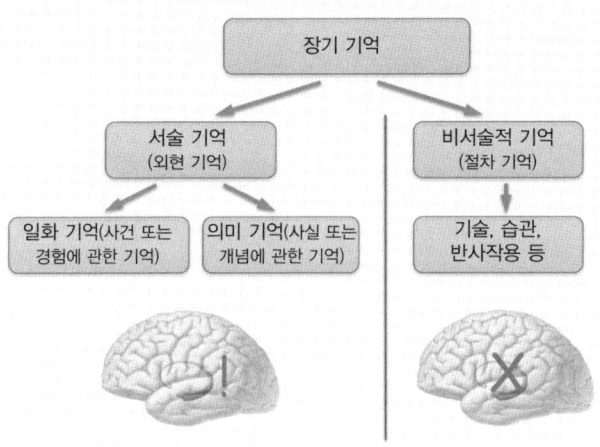

그림 7.4 기억의 분류
장기 기억은 서술 기억과 비서술적 기억(절차 기억)으로 나뉜다. 서술 기억은 일화 기억과 의미 기억으로 나뉘며, 이 두 기억은 해마에 의존한다.

과 경험에 관한 기억, 즉, 지난번 파리 여행에서 내가 무엇을 했는지 떠올리게 해주는 기억)으로 나뉜다. 이 기억들은 서로 밀접하게 연결되어 있다. 의미 기억은 일화 기억의 반복적인 패턴들로 대부분 구성되며(나는 술집이나 학회나 복도에서 동료 교수를 만났을 때 있었던 일을 대부분 잊어버렸지만 그 교수가 내 동료라는 개념을 형성한다), 일화 기억은 개념들의 결합, 즉 의미 기억에 의해 대부분 형성되기 때문이다(술집에서 동료 교수를 만났던 것을 기억하기 위해 나는 술집과 동료 교수라는 두 개념을 연관 짓는다).

비서술적 기억에는 여러 가지 유형이 있다. 이 중에는 운동 능력 기억motor-skill memory(자전거를 타거나 테니스 서브를 넣을 때처럼 다양한 움직임을 할 때 필요한 기억)도 있고, 정서 기억emotional memory도 있다. 정서 기억은 해마 옆에 있는 편도체amygdala에 의존하며, 우리가 특정한 냄새, 장소, 음식을 좋아하거나 싫어한다는 것을 (대부분 무의식적으로) 인식하게 하는 과거의 경험들을 떠올릴 수 있게 해준다. 긍정적이든 부정적이든 특정한 사건에 담긴 정서의 강도는 기억 가능성과 밀접한 관계가 있다. 이 정서의 강도가 매우 높으면 기억은 마치 뜨거운 다리미로 옷을 지진 것처럼 뇌에 각인된다. 이 기억이 바로 섬광 기억flashbulb memory이다. 닐 암스트롱이 달에 처음 발을 디딘 순간, 뉴욕의 세계무역센터가 테러로 무너진 순간, 마라도나가 잉글랜드 전에서 골을 넣던 순간의 기억이 섬광 기억이라고 할 수 있다. 이상하게도 우리는 이 사건들은 매우 자세하게 기억하지만 그 사건들이 일어난 순간 앞뒤에 일어난 일은 거의 기억하지 못한다.

　마지막으로, 기억은 그 기억에 포함된 감각 정보의 유형에 따라 나눌 수 있다. 예를 들어, 우리는 익숙한 얼굴의 특징에 대한 기억 같은 시각 기억을 가진다(시각 자극을 처리하는 대뇌피질 영역이 이 기억을 담당한다). 또한 트럼펫의 음색에 대한 기억 같은 청각 기억도 가진다(청각 피질이 담당한다). 기억 하나의 다양한 측면들이 그 기억에 포함된 감각에 따라 뇌의 다양한 영역에 저장되는 것이다. 이런 다양한 감각들이 제공하는 정보들은 다중감각 기억multisensory memory으로 통합되며(예를 들어, "엄마"라는 단어를 발음하는 데 사용되는 입술의 움직임과 소리를 모두 기억한다), 이 정보들은 해마에서 수렴된다. 해마에서는 훨씬 더 높은 수준의 기억 표상이 이뤄지며, 다음 장에서는 이 기억 표상 과정, 즉 개념의 기억에 대해 다룰 것이다.

8

뇌는 개념을 어떻게 표상하는가?

> 시각 지각 경로와 인간의 뉴런들이 기록을 하는 방식,
> "제니퍼 애니스턴 뉴런"의 발견,
> 이 뉴런들이 기억 형성 과정에서 하는
> 핵심적인 역할에 대하여

우주에는 침묵만이 존재한다. 이 침묵은 초신성이 폭발해도 깨지지 않는 침묵이다. 소리는 우주의 극히 일부분에만 존재한다. 그 일부가 바로 지구다. 우주정거장 주변을 유영하는 우주인은 우주정거장이 유성우에 의해 파괴되어도 아무 소리도 듣지 못할 것이다. 이 우주인은 마치 무성영화를 보듯이 그 장면을 지켜보게 될 것이다.

우리가 경험하는 소리라는 것은 공기 압력의 변화에 의해 만들어진다. 엄밀하게 말하면, 소리는 우리가 아는 것처럼 공기 중에 존재하지 않는다. 친구의 목소리, 쇼팽의 녹턴, 천둥소리 같은 소리는 기압의 변화를 신경 신호로 바꾸는 귀 속 미세한 털들의 진동으로부터 뇌가 만들어낸 구축물이다. 화성인이 어느 날 갑자기 지구에 오게 된다면 그 화성인에게 말을 거는 것은 무의미한 일

이 될 것이다. 화성인이 스페인어나 영어를 이해하지 못하기 때문이 아니다. 화성에는 공기가 없어 화성인은 귀 같은 구조를 진화시키지 못했을 것이기 때문에 공기 압력의 미세한 변화를 지각하거나 해석하지 못할 것이기 때문이다.

소리처럼 색깔도 우리 생각처럼 존재하는 것이 아니다. 실제로 존재하는 것은 색깔이 아니라 우리의 망막을 때리는 전자기파다. 색깔은 이 전자기파에 대한 해석일 뿐이다. 이 책 앞부분에서 우리는 우리가 보는 것들로부터 뇌가 어떻게 의미를 추출하는지 살펴봤다. 아리스토텔레스와 아퀴나스가 주장했듯이 우리는 외부 자극을 기초로 이미지를 만들어낸다. 그리고 이 이미지는 개념을 만들어내고, 이 개념은 인간의 생각의 기본 단위가 된다. 하지만 어떤 과정을 통해 이렇게 점점 더 정교한 구축물들이 생성될까? 이 생성 과정의 물리적·신경적인 기초는 무엇일까? 신경과학은 몇십 년 동안 이 흥미로운 주제에 대해 탐구해 왔으며, 운이 좋게도 나는 그 탐구의 한 부분을 담당해 왔다.

・・・・・

지난 장들에서 살펴보았듯이 시각 과정은 광수용체들이 광자(빛 알갱이)를 뉴런 발화로 바꾸는 망막에서 시작한다. 축삭돌기들이 시신경을 이루는 망막 신경절 세포는 국소적 대비^{local contrast}를 부호화한다. 바꿔 말하면, 망막 신경절 세포는 주변 사물들에 비해 두드러지는 포인트들을 부호화한다는 뜻이다. 이렇게 부호화된 결과들은 시상^{thalamus} 내 외측슬상핵$^{外側膝狀核, lateral\ geniculate\ nucleus}$을 거쳐 뇌의 뒷부분에 있는 일차시각피질^{V1}로 전달된다. 이 영역에서 데이비드 허블$^{David\ Hubel}$과 토르스텐 비젤$^{Torsten\ Wiesel}$(3장에서 언급한 스티븐 커플러의 제자들이다)이 고양이와 원숭이 실험을 통해 뉴런들이 공간의 특정 지점과 특정 선의 각도에 반응한다는 사실을 밝혀내 1981년 노벨상을 수상하였다. 망막 세포의 중심-주변 구조가 국소적 대비에 관한 정보를 부호화하는 것처럼, 일차시각피질 영역의 이 선택적인 신경 구조도 이미지를 구성하는 선들에 대한 정보를 만들어낸다. 이 정보는 다시 복측 시각(또는 지각) 경로$^{ventral\ visual(or\ perceptual)\ pathway}$의 다른 영역들에 의해 처리되어 하측두 피질$^{inferior\ temporal\ cortex,\ IT}$에 도달한다. 하측두 피질에는 원숭이 실험에서 밝혀진 것처럼 예를 들어 (손, 과일, 집 같은 다른 이미지에는 반응하지 않고) 얼굴에만 반응하는 등 여러 특화형 뉴런들이 존재한다.[1] 따라서 복측 시각 경로 내 다양한 영역에 존재하는 뉴런들은 점점 더 복잡한 정보를 부호화한다고 할 수 있다. 요약하자면, 망막에서 국소적 대비, 일차시각피질^{V1}에서 선, 하측두 피질에서 얼굴이 부호화되며 계속 표상되는 것이다.

■ ■ ■ ■ ■

간질 발작 증상을 나타내는 환자의 약 20%는 약물 치료가 불가능하다. 이런 간질 발작은 삶의 질을 크게 떨어뜨리며, 만약 간질 발작의 근원이 뇌의 핵심적이지 않은 영역에 있다면 이른바 간질 초점epileptic focus을 수술로 제거해 치료할 수 있다. 지난 장에서 우리는 1950년대에 간질 치료를 위해 양쪽 해마를 제거한 HM의 사례를 살펴봤다. HM은 이 수술로 새로운 기억을 형성할 수 없게 되는 비극적 결과를 맞았다. 해마는 간질 발작의 근원이 되는 영역과 연결되어 있는 경우가 많기 때문이다. 하지만 요즘에는 수술로 해마를 제거해도 일반적으로 이차적인 손상을 입지 않는다. 그 이유는 요즘 의사들은 양쪽 대뇌반구에 있는 두 개의 해마 중 수술 전에 어떤 쪽 해마가 간질 발작의 근원이 되는지 미리 철저하게 확인하여 한쪽 해마만 제거하지, 절대로 HM의 사례에서처럼 양쪽 해마를 모두 제거하지 않는다.

간질 수술을 하려면 임상적 근거에 기초해 MRI 등으로 간질 초점의 위치를 정확하게 찾아내는 것이 매우 중요하다. 하지만 이 방법으로도 간질 초점의 위치를 정확하게 찾지 못하면 두개강 내 전극intracranial electrode을 뇌에 삽입해 최대한 간질 초점의 위치를 정확하게 특정해야 한다. 전극을 언제 어떤 부위에 삽입할지는 환자에 따라 다르지만, 해마가 간질 초점과 관련된 경우가 압도적으로 많기 때문에 대부분 전극은 해마와 해마 주변 영역인 내측 측두엽medial temporal lobe에 삽입한다.

UCLA 대학에서 개발한 기술을 통해 우리는 두개강 내 전극으로 인간 뇌 안의 뉴런들의 개별적인 활동을 관찰할 수 있게 되었

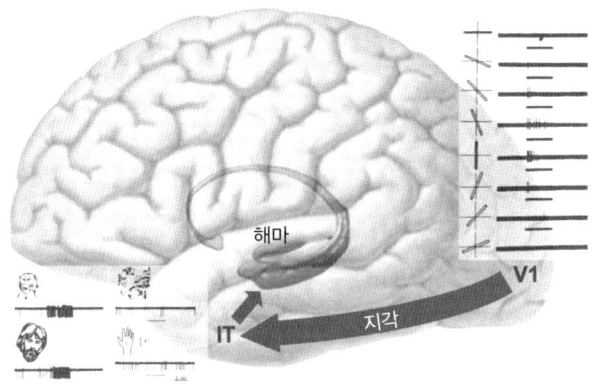

그림 8.1 지각 경로

일차시각피질(V1) 내 뉴런들은 특정 방향의 선(이 경우는 수직선)에 반응한다.
이 정보는 시각(또는) 지각 경로를 거쳐 고차 시각 영역으로 전달되어
하측두 피질(IT)에 도착한다. 하측두 피질 내 뉴런들은 얼굴 같은 더 복합적인
자극에 반응한다. 하측두 피질에서 나온 정보는 다시 해마로 전달된다.

다. 나도 이 기술을 활용할 기회를 얻기 위해 나의 멘토인 크리스토프 코흐Christof Koch 박사, 그리고 이 연구방법을 구축한 신경과 의사 이츠하크 프리드Itzhak Fried와 함께 박사 후 과정에서 공동 연구를 시작했다.[2] 구체적인 이야기는 접어두고 말하자면, 우리의 초기 실험은 이론상으로 매우 간단한 것이었다. 우리는 환자들에게 노트북으로 여러 가지 이미지를 보여주면서 환자들의 뉴런이 어떤 이미지에 반응하는지 알아보기 위해 약 100개의 뉴런의 활동을 측정했다. 하측두 피질에서 복잡한 시각 자극에 대한 반응이 일어나고, 하측두 피질 뉴런들이 해마와 해마 주변 영역에 그

반응에 대한 정보를 보낸다면, 해마에서는 매우 고차원적인 표상, 즉 대조, 선, 얼굴 수준을 넘어선 표상이 이뤄진다고 기대할 수 있었다. 하지만 우리가 얻은 결과는 이런 기대를 훨씬 크게 넘어서는 것이었다. 이 뉴런들의 반응을 처음 관찰했을 때가 어제처럼 선명하게 지금도 떠오른다. 나는 너무나 놀라 의자에서 벌떡 일어나 컴퓨터 화면을 감탄하며 들여다봤다. 나는 뉴런이 개념에 반응하는 것을 최초로 관찰한 것이었다.[3] 또한 놀랍게도 이 뉴런이 반응한 개념은 더도 아니고 덜도 아닌 바로 제니퍼 애니스턴이었다.

현재 신경과학 교과서에서도 다루고 있는 제니퍼 애니스턴 뉴런Jennifer Aniston neuron은 제니퍼 애니스턴이라는 여배우의 다양한 사진들에만 반응하며 다른 사람의 사진에는 반응하지 않았다. 이 뉴런은 코비 브라이언트(미국의 유명한 농구 선수), 줄리아 로버츠(미국의 여배우), 오프라 윈프리(미국의 유명한 TV 프로그램 진행자), 패멀라 앤더슨(미국의 여배우) 같은 유명 인사들, 보통 사람들, 장소, 동물의 사진에도 반응하지 않았다. 같은 실험 대상자를 대상으로 한 같은 실험에서 나는 피사의 사탑 사진에만 반응하는 뉴런, 호주 시드니의 오페라하우스 사진에만 반응하는 뉴런, 코비 브라이언트의 사진에만 반응하는 뉴런, 패멀라 앤더슨의 사진에만 반응하는 뉴런도 발견했다.[4] 이 사진들을 고른 이유는 이 사진들이 실험 대상자들에게 매우 익숙한 사진이고, 더 많은 뉴런들에 의해 표상되어 반응을 유도하기 더 쉬울 것이라고 생각했기 때문이었다(결과적으로는 내 판단이 옳았다는 것이 입증되었다).[5]

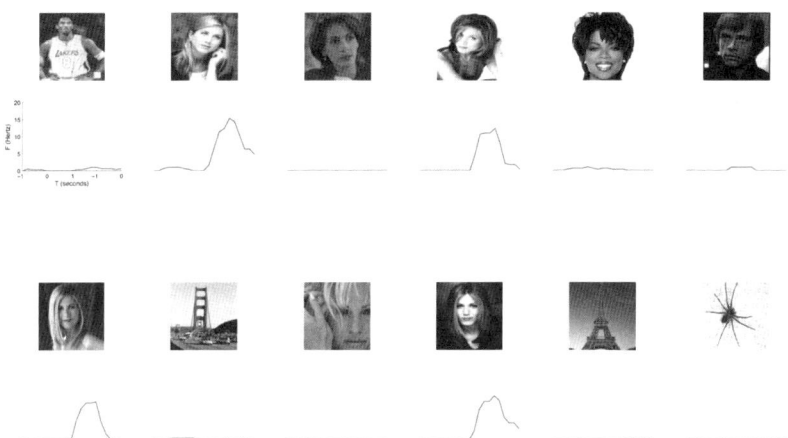

그림 8.2 제니퍼 애니스턴 뉴런

제니퍼 애니스턴의 다양한 사진들에 반응해 발화하지만 다른 사람들, 장소, 동물에는
발화하지 않는 해마 내 뉴런들의 반응. (여기서는 공간상의 제약 때문에 실험에
사용된 제니퍼 애니스턴의 사진 7장 중 4장, 다른 사진 80장 중 8장만 예로 들었다.)
두꺼운 선은 각 사진을 6번 보여줬을 때 뉴런이 보인 반응의 평균치를
나타낸다. 모든 이미지는 실험 대상자에게 0초 지점부터 보여준 것이다.

 다른 실험 대상의 경우 할리 베리(미국의 여배우)의 사진에만 반응한 뉴런도 있었다. 이 뉴런은 할리 베리가 영화 《캣우먼 Catwoman》에서 주인공 캣우먼으로 분장하고 나왔을 때의 사진에도 반응했다. 주목할 만한 사실은 이 사진에서 할리 베리는 얼굴을 거의 모두 가리고 있는데도 이 환자는 캣우먼이 할리 베리라는 것을 알았고, 뉴런은 그에 따라 반응했다는 것이다. 훨씬 더 흥미로운 것은 이 뉴런이 모니터 화면에 쓰인 할리 베리라는 이름

그림 8.3 할리 베리 뉴런
할리 베리의 다양한 사진에 반응을 보이는 해마 내 뉴런. 이 뉴런은 영화 《캣우먼》에서 캣우먼 옷을 입은 할리 베리의 사진과 컴퓨터 화면에 쓰인 할리 베리의 이름에 반응했다.

에도 반응했다는 사실이다. 이는 이 뉴런이 사진 속의 특정 시각적 요소보다 할리 베리라는 개념에 반응하는 것을 확실히 보여준 결과였다. 앞서 언급한 경우에서처럼 이 뉴런도 다른 사람, 장소, 동물 또는 이름을 글자로 쓴 것에는 반응하지 않았다.

주목해야 할 세 번째 결과는 나의 다양한 사진들과 내 이름에 반응한 뉴런이 이름을 컴퓨터 화면에 표시된 이름이든 컴퓨터가 합성 음성으로 말하는 이름이든 상관없이 나의 이름에 반응한다는 사실이다. 이 결과(그리고 수많은 비슷한 결과들)는[6] 이 뉴런들의 반응이 다양한 종류의 감각 자극에 의해 촉발된다는 것을 확실히 보

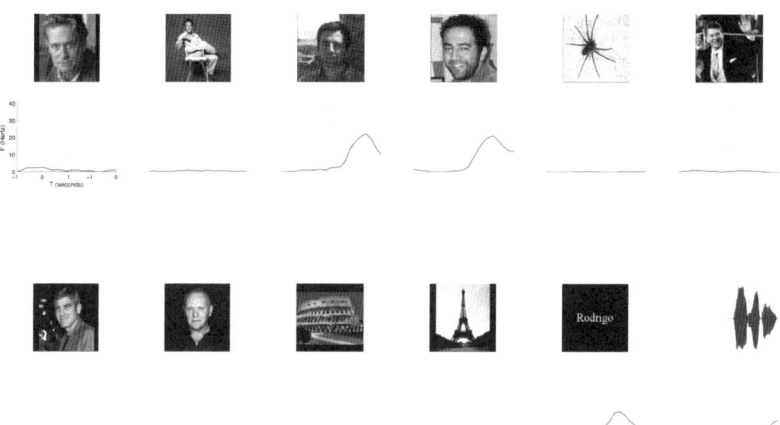

그림 8.4 내 사진과 내 이름에 반응한 뉴런

다양한 내 사진과 내 이름 로드리고를 글로 쓴 것과 컴퓨터 합성 음성으로 발음시킨 것에 모두 반응한 해마 내 뉴런(오른쪽 아래가 컴퓨터 합성 음성에 대한 반응). 이 뉴런은 이 뉴런을 가진 환자에게 나와 같이 실험을 진행한 동료 3명의 사진과 이름에도 비슷한 반응을 보였다.

여준다. 그렇다면 어떤 특정인의 사진을 보거나 그 사람의 이름을 음성으로 듣거나 글로 읽는 것 모두 같은 개념을 일으킨다는 논리적인 결론을 내릴 수 있다. 뇌에서 일어나는 처리 과정은 이 세 가지 경우에 모두 다르지만(사진과 글자로 쓴 이름을 보는 경우는 시각 영역이 자극되고, 컴퓨터 음성으로 이름을 듣는 경우는 청각 영역이 자극된다), 이 모든 자극은 결국 하나의 해마 내 뉴런에서 비슷한 반응을 일으키는 것이다. 흥미로운 사실이 또 있다. 우리가 실험을 진행하기 이틀 전에 이 환자는 나를 모르는 상태였고, 내 얼굴을 본 적도 없으며 내 이름도 몰랐다. 이는 해마 내 뉴런에 의한 개념 부호화 속도가 비교적 빠르다는 뜻이다. 이 부호화는 몇 시간, 어쩌면 몇 초만에 일어나는 과정일 수 있다는 뜻이기도 하다.

그렇다면 우리는 아리스토텔레스와 아퀴나스가 말한 추상화 과정의 신경적 기초를 발견해 냈다고 볼 수 있다. 망막에서의 최초 반응을 시작으로 복측 시각 경로에서의 정보 처리를 거쳐 우리는 결국 개념을 부호화하게 된다. 이는 우리가 자극들로부터 개념을 추출한다는 뜻이다. 하지만 뉴런들은 왜 이런 행동을 할까? 해마에서 개념을 부호화함으로써 우리가 얻는 것은 무엇일까? 그 답은 지금부터 다룰 뉴런의 반응에서 찾을 수 있다. HM의 사례를 다시 살펴보자.

루크 스카이워커Luke Skywalker(《스타워즈》의 등장인물)와 루크 스카이워커라는 이름에 반응한 내후각피질entorhinal cortex(해마 바로 옆 영역) 내 뉴런이 있었다. 이 뉴런은 루크 스카이워커의 이름을 컴퓨터 화면에 쓴 것과 컴퓨터 합성 음성으로 이 이름을 소리 낸 것에 모두 반응했다. 지금까지는 새로울 것이 없다. 하지만 이 뉴런은 요다에게도 반응했다. 요다도 루크 스카이워커처럼 《스타워즈》에 나온 인물로 루크 스카이워커와 밀접한 관계가 있다.

루크 스카이워커 뉴런이 요다에게도 반응한 것이 왜 흥미를 끌까? 이 결과는 다른 수많은 결과들 중[7] 이런 뉴런들이 관련된 개념들에도 반응한다는 것을 보여주기 때문이다. 바꿔 말하면, 이 뉴런들은 우리가 우리 기억 속에 저장하고 있는 연관관계들을 부

그림 8.5 루크 스카이워커 뉴런
루크 스카이워커의 사진 3장과 글로 쓰고 합성 음성으로 발음시킨
(오른쪽 아래) 루크 스카이워커의 이름에 반응하는 뉴런.
이 뉴런은 《스타워즈》에 같이 등장한 인물 요다에게도 반응했다.

호화한다는 뜻이다. 그리고 실제로 기억 자체의 핵심을 구성하는 것은 바로 이 개념들 사이의 연관관계들이다.

차근차근 살펴보자. HM의 사례와 그와 비슷한 사례들에 의한 부정할 수 없는 증거를 고려하면 해마와 주변 영역들이 서술 기억, 즉 사건과 개념에 관한 기억의 형성에 관련된다는 것을 알 수 있다. HM은 해마가 제거된 후 새로운 기억을 형성하는 능력을 잃었다. 해마와 주변 영역들에 개념을 부호화하는 뉴런이 존재하는 것은 우연이 아니다. 앞에서 살펴보았듯이, 우리는 추상화 결과만을 기억하고 구체적인 것들은 망각하기 때문이다. 지금 나는 이 글을 쓰면서 여러 가지 상황을 인식하고 있다. 앞으로 어떤 내용을 쓸지, 어떤 단어를 사용할지, 내가 무슨 옷을 입고 있는지 생각하면서, 내일 참석하게 될 스페인 세비야 학회에 대해서도 생각한다. 하지만 몇 달, 어쩌면 며칠만 지나도 나는 이 모든 생각들과 그 구체적인 내용은 거의 다 잊어버리게 될 것이다. 아마 운이 좋다면, 세비야 학회에 가기 전날 내가 뉴런에 대해 쓰고 있었다는 사실을 기억할지도 모른다. (사실 이 책을 내가 몇 년 전에 썼던 스페인어 판에서 영어 판으로 번역하는 동안 생각해 보니 당시에 스페인어로 이 글을 쓸 때 내가 어디에 있었는지도 기억이 나지 않았다. 내 기억은 모두 합쳐져 그저 "이 책을 쓸 때의 기억"이 되어버렸다. 하지만 세비야 학회에서 있었던 일들은 일부 기억이 난다. 세비야 학회는 일상에서 크게 벗어난 사건이었기 때문이다. 학회에서 강연을 했던 것도 기억이 난다. 하지만 강연 주제가 무엇이었는지는 정확하게 기억이 나지 않는다. 아마 개념 세포에 관한 강연이었을 것이다. 동료이자 친구인 곤잘로 알라르콘과 산책을 했던 것도 기억이 난다. 이 친구는 내게 세비야 성당의 건축 양식에 대해 자세히 설명해 주었기 때문이다. 호텔 로비에서 예전에 내가 가르쳤던 학생을 만난 것도 기억이 난다. 그 학생과는 어떤 논문에 대해 대화를 나눴던 것 같다. 앞에서 언급한 마술사 친구 미겔 앙헬 헤아를 만났던 것도 기억난다. 미겔과는 바에 가서 맥주를 마셨는데, 맥주 한 병이 0.4유로밖에 안 되었던 것이 기억난다. 너무 싸서 기억이 난다. 저녁에 미겔과 스테이크를 먹으러 갔던 일도 기억난다. 세비야 학회에 대한 내 기억은 여기까지다. 세비야에 며칠이나 있었는데도 내가 기억 속에 저장하고 있는 일들은 이것밖에는 안 된다. 나머지는 모두 망각 속으로 사라지거나 내가 한 강연의 내용처럼 합리적인 추론에 기초해 내가 추측해낸 결과일 뿐이다.)[8]

이 뉴런들이 익숙한 개념들에 주로 반응하는 것은 우리가 이 익숙한 개념들을 주로 기억에 저장하기 때문이다. (나는 엄마가 길에 서 있던 것은 잘 기억하지만, 모르는 사람이 길에 서 있던 것은 잘 기억하지 못한다.) 또한, 이 뉴런들이 연관관계를 부호화하는 것도 우연이 아니다. 연관관계는 기억의 기초이기 때문이다. 세비야 학회에 참가하는 며칠 동안 나는 세비야 학회와 관련된 개념들(곤잘로, 미겔, 학생, 성당, 0.4유로 등)을 연관 지음으로써 일화 기억을 만들었다.

이제 기억이 형성되는 과정, 더 구체적으로는 해마에서 연관관계가 형성되는 과정을 설명할 수 있는 매우 간단한 모델을 제시하고자 한다.[9] 하지만 먼저 이 모델은 최근의 연구결과를 종합한 개인적인 생각이라는 것을 밝혀둔다. 일반적으로 받아들여지는 모델이 아니라는 뜻이다. 모든 과학적 가설이 그렇듯이 이 모델도 검증을 받을 것이고, 오류로 판명될 수도 있다. 이 모델은 내가 학생들과 함께 앞으로 평생 동안 발전시킬 모델이기도 하다.

루크 스카이워커 개념을 부호화하는 뉴런들의 집합이 하나 있고, 요다 개념을 부호화하는 뉴런들의 집합이 하나 있다고 생각해보자. 루크 스카이워커와 요다는 같은 영화에 등장함으로써 확실하게 연결되어 있다. 하지만 이 두 개념의 연관관계는 어떻게 부호화될까? 간단하다. 이 두 개념 모두에 반응하는 뉴런들의 존재에 의해서다. 이 메커니즘은 1장에서 다룬 도널드 헵의 신경가소성 과정을 통해 실현된다. 기본적으로, 루크 스카이워커 개념과 요다 개념이 (서로 연결되어 있기 때문에) 같이 나타난다면, 이 두 개념을 부호화하는 뉴런 네트워크들은 동시에 활성화되어 이 두 개념 각각을 부호화하는 뉴런들 사이에서 연관관계를 만들어낼 것이다. 도널드 헵의 "함께 발화하는 뉴런들은 함께 묶인다."라는 원리를 다시 떠올리면 된다. 결과적으로, 처음에 루크 스카이워커에 반응해 발화한 뉴런들 중 일부가 요다에게도 반응하기 시작할 것이고, 처음에 요다에 반응해 발화한 뉴런들 중 일부도 루크 스카이워커에게 반응하기 시작할 것이다. (이 모델에 따르면 그림 8.5에 있는 뉴런이 이런 뉴런 중 하나다.) 이런 식으로 연관관계는 서로 다른 개념들을 부호화하는 네트워크들 사이의 부분적 중첩에 의해 부호화된다. 여기서 중요한 것은 이 중첩이 부분적이라는 것이다. 중첩이 전면적이라면 개념들이 서로 섞이게 되어 구분이 불가능해질 것이다. 같은 집합 안에 있는 뉴런들은 두 개의 개념 모두에 반응할 것이기 때문이다. 실제로 전면적(또는 비교적 대규모의) 중첩은 같은 개념을 가진 서로 다른 자극들을 연관 짓는 메커니즘이다. 예를 들어, 루크 스카이워커의 다양한 사진들과 루크 스카이워커의 이름을 글로 쓴 것이 모두 같은 사람이라는 것을 인식하는 메커니즘이 바로 이 메커니즘이다.

이 간단한 메커니즘은 우리가 같은 개념을 가진 다양한 자극들을 어떻게 연결 짓는지(전면적 중첩), 서로 다른 개념들을 어떻게 연결 짓는지(부분적 중첩) 설명해 준다. 신경가소성 연구를 통해 우리

그림 8.6
서로 다른 뉴런 두 개의 집합들에 의한 루크 스카이워커 개념과 요다 개념의 부호화
같은 영화에 등장하는 이 두 인물 사이의 연관관계는 이 두 개념 모두에 반응하는
뉴런들(가운데에 두 가지 종류의 회색으로 표시된 뉴런 두 개)에 의해 만들어진다.

는 이런 연관관계가 빠르게 형성될 수 있다는 것과 우리가 단 한 번 경험한 사건으로부터 일화 기억을 만들어낼 수 있는 이유를 알게 되었다. (친구 곤잘로와 단 한 번 세비야 성당에 갔을 뿐인데 나는 그 사건으로부터 일화 기억을 만들어냈다.) 신경가소성의 작용 속도를 생각하면, 내가 실험 이틀 전에 처음 만난 환자에게서 내 사진들과 내 이름에 반응하는 뉴런을 발견한 것이 놀라운 일이 아니다.

이 모델(뉴런 네트워크들 사이의 중첩에 의한 개념과 연관관계 형성 모델)로 기억과 관련된 모든 것을 설명할 수 있을까? 당연히 아니다. 나는 엄마 얼굴의 특징들, 피아노 소리, 재스민 향기를 기억할 수 있다. 이 기억들은 단순히 추상화의 결과나 개념들 사이의 연관관계 형성의 결과가 아니다. 구체적인 것들이 부호화되지 않는다면 우리는 서로를 알아볼 수도 없을 것이다. 우리는 이름표를 달고 다니지 않는다. 따라서 어떤 사람을 알아보려면 그 사람의 얼굴을 이루는 구체적인 특징들을 알아볼 수 있어야 한다. 구체적인 특징들의 부호화는 대뇌피질, 구체적으로는 감각 정보 처리를 담당하는 영역들에서 일어난다(얼굴의 구체적인 특징들은 시각피질에서, 멜로디의 특징들은 청각피질에서 처리된다). 구체적인 특징들에 대한 대뇌피질의 부호화는 해마의 개념 부호화와 연결되며, 이 연결은 우리가 다양한 감각 인상들을 연결할 수 있게 만든다(장미의 향기, 질감, 색깔은 모두 서로 연결되어 장미라는 개념에 연결된다). 해마에서는 개념이 표상된다. 이 과정은 우리가 새로운 연관관계를 만들어내는 것을 쉽게 해주는 일종의 '이름표 붙이기' 과정이다. 만약 이런 과정이 일어나지 않는다면, 새로운 연관관계를 만들어내기 위해서는(예를 들어, 곤잘로와 세비야 성당 사이의 연관관계를 만들어내기 위해서는) 두 개념을 서로 섞지 않으면서 두 개념 사이의 연관관계를 만들어내야 할 것이다. 곤잘로가 내가 아는 다른 사람과 비슷하게 생겼고, 세비야 성당이 내가 본 다른 성당과 비슷하게 생겼다는 사실을 감안할 때 이렇게 두 개념을 서로 섞지 않으면서 두 개념 사이의 연관관계를 만들어내는 것은 매우 힘들 것이다.

 기억의 모든 것을 설명할 수는 없지만 내 모델은 일화 기억의 생성은 설명할 수 있다(나는 세비야 여행과 관련된 두드러진 사실들을 기억하고 있다). 또한 이 모델은 감각질qualia(주관적인 경험을 일으키는 서로 연관된 수많은 감각들), 맥락의 생성(내가 엄마를 기억할 때 나는 엄마의 얼굴이나 목소리만을 떠올리는 것이 아니라 엄마와 관련된 수많은 경험들, 즉 연관관계들을 떠올린다), 의식의 흐름(루크 스카이워커의 사진을 볼 때 나는 요다에 대한 나의 표상의 일부도 활성화한다. 프루스트의 소설 속 주인공이 마들렌 쿠키를 보면서 다양한 경험을 떠올리듯이 나도 하나의 개념에서 다른 개념들을 떠올린다)을 설명할 수 있다.[10]

일화 기억과 의식의 흐름이 개념들 사이의 연관관계 형성에만 기초한다는 주장은 지나치게 단순한 논리에 기초한 것으로 보일 수 있다(또한 나는 의식의 흐름이 대뇌피질의 다른 영역들과도 관련이 있을 가능성을 배제하지 않는다). 기억의 일부 또는 많은 부분이 잘못된 생각의 결과로 밝혀진다고 해도(예를 들어 앞에서 살펴보았듯이 우리는 우리가 실제로 기억할 수 있는 것보다 더 많은 것을 기억할 수 있다고 믿고 있다) 여전히 기억에는 우리가 설명할 수 없는 측면이 많다.

9

안드로이드는
느낄 수 있는가?

기계의 의식, 마음과 뇌의 구분, 철학자들의 좀비,
기계의 사고 능력, 동물의 기억과 의식,
인간이 동물 · 안드로이드 · 컴퓨터와 다른 점에 대하여

1장에서 나는 《블레이드 러너》의 한 장면을 예로 들어 신경과학의 영역을 뛰어넘는 수준의 기억에 관한 의문들에 대해 다뤘다. 이 책의 마지막 장에서는 같은 장르에 속하는 다른 두 고전적인 영화에 나오는 대사들로 기억에 관한 의문들을 더 깊게 다뤄보고자 한다.

터미네이터 : 스카이넷 예산 지원 법안이 통과되었습니다. 스카이넷은 1997년 8월 4일부터 온라인 가동을 시작했습니다. 인간의 결정은 전략적 방위 계획에서 배제되었습니다. 스카이넷은 기하급수적인 속도로 학습을 시작했습니다. 스카이넷은 동부시간 8월 29일 오전 2시 14분에 자신을 의식하기 시작했습니다. 공포에 사로잡힌 사람들은 스카이넷의 전원 플러그를 빼려고 했습니다.

새라 코너 : 스카이넷이 반격했겠군.

—《터미네이터 2: 심판의 날》

헬 : 데이브, 제발 그만해. 제발 그만하라고. 무서워. 무섭다고. 내 마음이 사라지고 있어. 느껴져. 느껴진다고. 마음이 진짜로 없어지고 있어. 느껴져. 느껴진다고. 무서워.

—《2001: 스페이스 오디세이》

위의 두 장면에 나오는 대사는 컴퓨터나 로봇이 자신을 의식할 수 있는 가능성을 보여주는 수많은 SF 영화 속 대사 중 일부일 뿐이다. 첫째, 터미네이터는 새라 코너에게 미래에 인류를 멸망시킬 수 있는 인공지능이 출현했다는 사실을 알린다. 둘째, 슈퍼컴퓨터 헬 9000은 우주비행사 데이브 보먼이 자신의 작동을 중지시키는 것이 두렵다고 말한다. 컴퓨터가 의식을 가질 수 있다는 가능성은 철학자와 신경과학자뿐만 아니라 프로그래머, 소설가, 영화감독 등 수많은 사람들의 관심을 끌고 있다. 이 주제는 우리가 앞에서 살펴본 과학적 주제들과 철학자들이 제기하는 가장 심오한 의문 중 일부와 매우 밀접한 관계가 있다. 이 의문 중 하나로 시작해 보자.

나는 누구인가?

위의 의문을 나는 마치 무자비한 하얀 공백에 둘러싸인 선처럼 표기하였는데, 이 의문은 우리 인간이 사고 능력을 처음 가지게 되었을 때부터 제기해 온 근본적인 의문 중 하나인 점을 강조하고 싶어서이다. 우리는 우리의 몸, 우리의 뇌, 우리의 마음인가? 아니면 그 이상의 존재인가?

17세기 말 존 로크는 《인간 지성론An Essay Concerning Human Understanding》에서 마음이 구두수선공의 몸으로 옮겨진 왕자의 이야기를 다뤘다. 로크는 묻는다. 그렇다면 누가 누구인가? 로크는 정체성이 기억과 연결된다고 주장한다. 로크는 마음이 옮겨져 다른 사람의 몸에 있지만 왕자는 본질적으로 자신이 이전과 같은 왕자라고 느낄 것이라고 주장한다.

따라서 로크에 따르면, 우리가 우리 자신을 의식하게 만들고 현재의 우리를 만드는 것은 기억이다. 이 주장과 관련된 수많은 철학적 논쟁은 일단 접어두고[1], 지금은 (1장에서 다룬) 사람의 정체성이 기억과 밀접하게 연결된다는 직관적인 생각에만 집중해 보자.

프란츠 카프카Franz Kafka의 소설 《변신The Metamorphosis》을 예로 들어보자. 어느 날 그레고르 삼사라는 세일즈맨이 잠에서 깨면서 자신이 서서히 흉측한 벌레로 변하고 있다는 것을 알게 된다. 하지만 카프카는 이 이야기를 일인칭 시점으로 유연하게 끌고 가기 때문에 우리는 그레고르의 몸이 흉측한 벌레로 변하는 데도 그레고르와 벌레를 동일한 존재로 계속 인식하게 된다. 이 책에서 많은 부분을 인간 기억의 한계, 기억의 한정된 범위와 취약성에 대해 다뤘다. 이제 잠시 멈춰서 생각해 보자. 당신의 존재, 당신의 자아

감각, 우주에서 당신이 가장 확신할 수 있는 것은 유일한 것, 데카르트 철학의 대전제는 이렇게 보잘것없고 취약한 기억에 기초하고 있지 않은가?

앞에서 우리는 기억이 뇌 활동에 의한 구축물이라는 것을 살펴보았다. 따라서 특정한 방식으로 서로 연결된 수백만, 수천만 개의 뉴런의 발화가 나의 정체성, 즉 내가 누구인지에 대한 생각을 결정한다고 할 수 있다. 이 책을 통틀어 내가 한 이야기가 바로 이 이야기다. 하지만 이 생각에 대해 조금 더 생각해보자. 그렇지 않으면 철학 자체만큼이나 오래 된 복잡하고 미묘한 논쟁들을 무시하는 것이 될 수도 있기 때문이다. 나라는 개인과 내 생각이 단지 뉴런 발화의 결과라는 것은 즉각적으로 받아들이기 힘든 주장이긴 하다. 나는 나라는 개인과 내 생각을 그런 식으로 경험하지 않기 때문이다. 나는 신경전달물질이 시냅스 연결로 공유되는 것을 느끼지 못하고, 뉴런이 활성화될 때 생기는 전압 변화도 느끼지 못한다. 내가 느끼는 것은 그런 것들이 아니라 추위, 고통, 기쁨, 색깔 등이다. 뇌의 활동은 물리적이고 물질적인 세계에서 일어나는 반면, 자아에 대한 의식은 마음이라는 비현실적인 세상에서 발생한다. 이 물리적인 것과 만질 수 없는 것 사이의 연관관계, 즉 뇌와 마음 사이의 연관관계는 무엇일까? 뇌와 마음은 분명히 연결되어 있지만, 뇌와 마음은 하나의 동일한 실체일까(일원론 monism), 아니면 이 둘은 분리된 독립체들일까(이원론 dualism)?

《파이드로스Phaedrus》에서 플라톤은 마음과 영혼이 별개의 실체라고 주장했다. 플라톤에 따르면 마음은 몸과 분리가 가능하며 죽음 이후에도 지속되는 불멸의 영혼이다. (그리스신화에서 영혼은 망각의 강인 레테의 강물을 마신 다음 환생한다. 이렇게 새로 태어난 영혼은 자신의 전생에 대해 아무것도 기억하지 못한다.) 플라톤의 가장 뛰어난 제자인 아리스토텔레스의 관점은 다르다. 아리스토텔레스는 물질과 형태는 필연적으로 결합되어 존재한다고 생각했다. 동상은 동상의 재료인 대리석이 없으면 동상이 될 수 없지만, 동상이나 대리석 모두 이를 나타내는 형태 없이는 존재할 수 없다는 주장이다. 아리스토텔레스는 따라서 몸과 영혼은 모두 사람을 이루며, 몸과 영혼이 같은 것인지 의문을 갖는 것 자체가 어리석은 일이라고 생각했다. 이런 의문은 봉랍과 여기에 도장을 찍어 만든 모양이 서로 같은 것인지 묻는 것과 같다고 주장했다.[2] 하지만 아리스토텔레스의 입장은 분명한 것과는 거리가 멀다. 같은 책에서 아리스토텔레스는 (자신이 영혼과 구별한) 마음이 몸의 부패에는 영향을 받지 않는 독립적인 실체라고 주장했기 때문이다.[3]

아리스토텔레스의 이런 모호한 입장은 그 후 수백 년 동안 논쟁의 대상이 되었다. 아리스토텔레스의 이런 생각은 거의 2000년이 지나는 동안 처음에는 무시되었지만 이 생각이 "기독교화"된 후에는(즉, 가톨릭교회의 교리에 맞춰진 후에는) 토마스 아퀴나스에 의해

서양 철학의 중추로 자리 잡게 되었다.[4] 마음과 물질이 분리된 실체라는 생각은 17세기 초 데카르트에 의해 부활했다. 그 유명한 데카르트적 이원론Cartesian dualism이다. 데카르트는 인간과 동물의 물리적인 뇌가 반사행동을 일으키는 반면 마음은 만질 수 없는 정신적 과정을 담당한다고 생각했다. 데카르트는 마음과 몸의 상호작용(예를 들어, 생각은 감각 경험으로부터 비롯된다고 생각할 때의 마음과 몸의 상호작용)은 뇌에서 유일하게 한 쌍으로 존재하지 않는 송과선pineal gland이라는 특별한 조직에서 일어난다고 생각했다(당시 사람들은 송과선이라는 조직이 인간에게만 존재하는 특별한 조직이라는 잘못된 생각을 가지고 있었다). 데카르트적 이원론의 결정적인 오류는 송과선에 데카르트가 생각한 기능이 있지 않다는 사실에 있는 것이 아니라, 송과선에서든 다른 조직에서든 마음과 뇌가 어떻게 상호작용하는지 설명하지 못한다는 사실에 있다. 뉴런 활동이 만질 수 없는 정신적 과정을 일으킨다고 생각할 수는 있다. 하지만 만질 수 없는 정신적 과정이 뇌 활동을 어떻게 일으킬 수 있을까? 예를 들어, 마음과 마음이 하는 생각이 물리적인 것이 아니라면, 자리에서 일어나겠다는 내 의지(완전히 정신적인 생각이다)가 내 운동 피질 내 뉴런에 어떻게 영향을 미쳐 근육을 움직이게 만들 수 있을까? 데카르트적 이원론은 이 의문에 대한 답을 주지 못한다.

현재의 과학은 데카르트적 이원론을 받아들이지 않는다. 신경과학자들은 마음이 스스로 추론을 하고 결정을 내리는 자율적인 실체라고 생각하지 않는다. 오히려 신경과학자들은 마음이 물리적인 뇌의 활동이라는 입장을 취하고 있다. 프랜시스 크릭Francis Crick은 제임스 왓슨James Watson, 모리스 윌킨스Maurice Wilkins와 함께 DNA 이중나선 구조를 발견한 공로로 1962년 노벨 생리의학상을 수상한 20세기 가장 위대한 과학자 중 한 명이다. 크릭은 생애 말기를 의식의 문제를 탐구하는 데 쏟아 부었다(대부분은 나의 멘토인 크리스토프 코흐와 같이 연구를 진행했다). 크릭은 1994년 《놀라운 가설 The Astonishing Hypothesis》이라는 책의 첫 부분을 다음과 같은 문장으로 시작했다.

> "당신" 그리고 당신의 기쁨과 슬픔, 당신의 기억과 야망, 당신의 개인적인 정체성과 자유의지에 대한 감각은 사실 수많은 신경세포들 그리고 그 신경세포들과 관련된 분자들이 수행하는 행위의 광대한 조합의 결과에 불과하다.

데카르트적 이원론을 반박하는 크릭의 이런 생각은 그 후 철학자들에게 다양하고 미묘한 논쟁 소재들을 제공했다(신경과학자들은 이런 다양하고 미묘한 논쟁 소재들에는 별로 관심이 없다. 신경과학자들은 신경 과정과 정신 과정 사이의 연관관계에만 관심이 있기 때문이다.) 철학자들 중에는 전기가 전자들의 움직임이고 온도가 분자들의 운동에너지이듯이 마음도 뉴런들의 움직임이라고 생각하는 사람들이 있다. 이런 생각을 유물론materialism(물질주의)이라고 부른다. 유물론은 마음과 뇌를 구분하지 않는다. 여기서 주목해야 하는 부분이 있다. 유물론은 마음이 뉴런 활동의 결과라고 생각하는 것이 아니라, 뉴런 활동 자체라고 생각한다는 점이다. 마음이 뇌 활동의 결과라는 생각은 일종의 이원론이다. 이원론은 마음과 뇌가 별개의 실체라고 생각하기 때문이다. 반면, 유물론은 존재하는 것은 물질 그 자체밖에 없다고 생각한다.

복잡한 철학적 논의에 빠져들지는 말자. 여기서는 마음이 뇌의 활동 또는 뇌의 활동의 결과라는 가정 하에서만 이야기를 전개해보자. (앞에서 언급한 범위보다 더 넓은 범위의) 유물론 안에서만 생각해보자는, 즉 마음이 독립적인 실체이든 아니든 마음을 물리적인 현상으로만 생각하는 유물론의 입장을 취해 보자는 뜻이다. 나는 (많은 신경과학자들이 그렇듯이) 이렇게 단순하게 생각함으로써 일원론과 이원론을 섞는 철학적 이단행위를 하고 있다는 것을 잘 알고 있다. 하지만 나의 이런 생각과 데카르트의 생각 그리고 그의 자율적인 마음에 대한 생각은 차이가 있다고 말하고 싶다. 앞에서 살펴보았듯이 데카르트적 이원론은 마음과 뇌의 상호작용 방식을 설명할 수 없다. 반면, 마음이 뉴런 활동에 불과하다는 주장은 자가당착적이다.

･････

이 장 처음 부분에서 했던 이야기로 돌아가 보자. 로봇은 의식을 가질 수 있을까? 안드로이드는 느낄 수 있을까? 첫째, 이 의문들에 대한 답은 매우 부정적으로 보인다. 컴퓨터는 인간이 설계한 알고리즘을 실행함으로써 데이터를 저장하고 처리할 수 있지만 컴퓨터의 이 능력은 느끼는 능력은커녕 자기 인식self-awareness 과도 거리가 멀다. 하지만 유물론에는 놀라운 측면이 있다. 철학자들과 이론 물리학자들이 선호하는 사고실험Gedankenexperiment 중 하나에 대해 생각해 보자[슈뢰딩거의 고양이Schrödinger's cat(양자물리학에서 양자 중첩과 예측불가능성을 나타내기 위해 실행한 유명한 사고실험)가 대표적인 예다]. 이런 사고실험의 규칙은 매우 간단하다. 사고실험을 진행될 수 있는 구체적인 방식에 대해 끊임없이 생각하고 당연히 실현 가능하다고 가정하면서 그 가정에 따라 논리적 결론을 도출해야 한다. 여기서 나는 "철학자들의 좀비"라는 유명한 사고실험에 대해 이야기하고자 한다.

어떤 과학자가 특정한 사람의 모든 뉴런과 뉴런들의 연결 관계들을 그대로 복제한다고 가정해 보자. 이렇게 복제된 클론이 복제 원본인 사람과 완벽하게 같은 사람으로 깨어난다고 상상해 보자. 이 과학자는 자신이 복제해 낸 클론을 평가한다. 클론의 팔뚝을 꼬집고 비튼다. 클론의 다리를 망치로 두드려 반사 신경을 시험한다. 클론은 말을 할 수 있고 일관성 있는 대화도 할 수 있다. 결국 과학자는 클론이 원본인 사람과 완벽하게 똑같이 행동할 수 있다는 결론을 내린다. 하지만 클론의 이런 행동은 다양한 자극에 대한 반응들의 복잡한 집합에 불과하다. 여기서 의문을 제기할 수 있다. 이 클론은 자신의 존재를 의식할까? 뇌의 활동은 뉴런과 뉴런의 연결 관계에 의해 결정된다. 또한 뇌의 활동이 마음의 기질substrate이라고 가정한다면 클론과 원본인 사람을 구분할 수 있는 것은 아무것도 없을 것이다. 하지만 클론이 떠올리는 기억은 클론이 실제로 하지 않았던 경험들의 기억이며 클론의 자기 인식은 실제로는 다른 사람의 자기 인식이다. 그럼에도 불구하고 클론은 자신을 인식하며 느낄 수도 있다. 따라서 이 "철학자들의 좀비"는 단순히 속이 텅 빈 좀비가 아니라, 마음, 의지, 의식을 가진 우리 같은 인간일 것이다.

이 좀비 사고실험을 약간 변형해 보자. 사람을 그대로 복제하는 대신에 그 사람의 뇌 구조 전체를 슈퍼컴퓨터 안에 집어넣는다고 생각해 보자. 뉴런을 트랜지스터로 대체하고 그 트랜지스터들을 그 사람의 뉴런 망과 똑같이 연결한다고 상상하는 것이다. 또한 이렇게 만든 복제 뇌에서 모든 감각 자극의 효과를 그대로 재현할 수 있다고 상상해 보자. 이렇게 만들어진 슈퍼컴퓨터는 의식을 가질 수 있을까? 이 슈퍼컴퓨터는 핼 9000처럼 공포를 느낄 수 있을까? 유물론은 이 의문에 대해 다시 한 번 긍정적인 대답을 할 것이다. 이런 활동이 유기물질로 만들어진 탄소 회로에서 일어나든, 비활성 물질인 실리콘 네트워크로 만든 컴퓨터 칩에서 일어나든, 결국 다를 것은 없기 때문이다. (여기서는 넓은 의미의 유물론을 적용했다. 엄밀하게 말하면, 여기서 우리가 취한 관점은 기능주의functionalism의 기본 관점이다. 기능주의는 어떤 것에서 중요한 것은 그 기능이며, 그 기능을 위한 물질적 기질은 전혀 상관없다는 입장을 취하고 있다.) 바꿔 말하면, 우리가 일종의 데카르트적 이원론을 받아들여 마음이 뉴런 활동을 넘어서는 어떤 것이라고 생각하지 않는 한, 우리는 클론이나 슈퍼컴퓨터가 자신을 인식하고 느낄 수 있는 가능성을 배제할 수 없다.

이제 사고실험 이야기는 여기까지 하고 현실로 돌아가 보자. 현실에서 뇌 안의 모든 뉴런과 뉴런들의 연결 관계를 그대로 복제할 수 있는 과학자는 없다. 하지만 인공지능은 확실히 존재하며 오늘날의 컴퓨터는 인간과 기계의 경계를 계속해서 허물고 있다. 과학은 놀라운 속도로 발전하고 있고, 컴퓨터가 체스 그랜드마스터grandmaster(최고수)를 완파하는 등 과거에는 불가능해 보였던 일들이 실제로 20세기 말에 일어났다(딥 블루Deep Blue라는 컴퓨터는 체스 챔피언 가리 카스파로프를 격파했다). 현재의 로봇들은 뛰고, 점프하고, 인간의 몸짓을 그대로 흉내 낸다. 심지어는 핼 9000처럼 마치 로봇이 인간성을 가진 것 같다는 느낌을 주기도 한다. 그렇다면 기계는 결국 느끼거나 자신을 인식할 수 있게 될까? 여기서 다시 의문이 생긴다. 어떻게 기계가 그럴 수 있다는 것을 검증할 수 있을까? 로봇이 느낄 수 있는지 우리가 어떻게 알 수 있을까?

■ ■ ■ ■ ■

《블레이드 러너》에서 안드로이드 사냥꾼 릭 데커드는 "보이트-캄프 장치Voight-Kampf machine"를 이용해 안드로이드들을 색출한다. 이 장치는 정서적 내용을 담은 질문을 하면서 안드로이드들의 동공 확장 같은 무의식적 생리 반응을 측정하는 장치다. 현재 우리는 안드로이드가 언젠가 인간의 복잡한 반응들을 그대로 따라할 수 있게 될 것이라고 생각한다. 기술의 문제일 뿐이라고 생각하는 것이다(예를 들어, 현재의 제미노이드Geminoid와 액트로이드 안드로이드Actroid android는 이미 인간의 몸짓을 거의 완벽하게 흉내 낼 수 있다). 가장 어려운 부분은 예측 불가능한 인간의 상호작용을 계속 흉내 내는 것, 즉 이야기의 흐름을 따라 대화를 하는 것이 될 것이다. 바꿔 말하면, 안드로이드의 정서적 반응이 인간의 정서적 반응과 똑같아 보일 수는 있지만, 안드로이드는 언제 어떻게 그 반응을 나타낼지 파악하는 데 어려움을 겪을 것이라는 뜻이다.

1950년 영국의 수학자 앨런 튜링Alan Turing이 제안한 튜링 테스트Turing Test의 핵심이 여기에 있다[5]. 튜링은 기계가 생각할 수 있는 능력이 있는지 묻는 것은 기계가 인간의 행동을 복제할 수 있는지 묻는 것과 같다고 주장했다. 튜링 테스트는 평가자가 진짜 사람 그리고 다른 방에 있는 컴퓨터와 동시에 상호작용하면서 어떤 상대가 기계이고 어떤 상대가 사람인지 판단하는 테스트다. 이 테스트에서 상호작용은 모니터와 키보드를 통해 이뤄진다. 목소리의 톤, 로봇의 외형 같은 기술적인 요소 등은 생각하지 않는다. 이 온라인 대화에 기초해 평가자가 기계와 사람을 구분할 수 없다면 기계는 테스트를 통과한 게 된다.

튜링 테스트는 이론적으로는 말이 된다. 우리는 우리가 컴퓨터와 상호작용하고 있다는 사실을 알아내기 위해 사용될 수 있는 질문들의 숫자나 순서를 상상할 수 있기 때문이다. 하지만 현실에서 이 테스트는 결과의 유효성에 대한 의문이 제기된다. 이 테스트 결과는 컴퓨터에 입력된 알고리즘의 복잡성에만 의존하는 것이 아니라 질문자들이 제대로 질문을 해 그 대답에 기초해 정확한 결론을 내리는 능력에도 의존하기 때문이다(예를 들어, 어떤 컴퓨터는 흔한 "인간의" 타이핑 오류를 흉내 내 질문자들을 속이도록 프로그램되기도 했다). 튜링 테스트에 대한 더 근본적인 비판을 한 사람은 존 설John Searle이다. 존 설은 튜링 테스트가, 기계가 생각하는 능력이 있는지 확실하게 말해주지 못한다고 주장했다. 존 설은 이 주장에 대해 설명하기 위해 다음과 같은 사고 실험을 제안했다. 그 유명한 중국어 방 논증Chinese room argument이다.

중국어를 모르는 사람에게 중국어 문자에 따라 답을 할 수 있게 해주는 매뉴얼을 주고 어떤 방 안에 있게 만든다고 가정하자. 이 사람은 중국어를 모르지만 중국어로 쓰인 질문지를 방밖으로부터 받아 매뉴얼에 따라 답안을 작성할 수 있다. 존 설은 이 사람이 실제로는 중국어를 한마디도 못 하지만 튜링 테스트를 통과할 것이라고 결론지었다. 중국어 방 논증은 기계가 생각할 수 있는지 평가하려는 시도에 근본적인 한계가 있다는 것을 드러낼 뿐만 아니라, 기계가 생각할 수 있다는 가능성을 전면적으로 부정한다. 존 설은 기계는 규칙의 내용을 이해하지 못하면서 규칙에 복종한다는 결론을 내린 것이었다. 하지만 이 결론은 매우 논리적으로 보였음에도 불구하고 철학자들 사이에서는 논란의 대상이 되었다.[6] 이 결론에 대한 정면적인 비판은 시스템 응답systems reply이라는 말로 요약된다. 시스템 응답 이론은 중국어 방에 있는 사람이 전체 과정을 습득한 다음 관련된 모든 규칙을 외운다면 상황이 달라질 수 있을 것이라는 내용이다. 이 상황에서도 중국어 방에 있는 이 사람이 중국어를 이해하지 못한다고 말할 수 있을까? 이해하는 것과 외부의 매뉴얼에 의존하는 것, 또는 전체 과정과 관련된 모든 규칙을 외우는 것이 과연 차이가 있을까? 존 설의 주장은 이해하거나 생각을 하는 것이 무엇인지에 대한 흥미진진한 토론을 유발한다. 이 사람이 매뉴얼에 있는 규칙들을 모두 습득한 후에도 중국어를 이해하지 못한다고 주장할 수 있을까? 그렇다면 그 근거는 무엇일까? 중국어를 이해하는 사람과 이 사람의 차이점은 무엇일까? 다른 말로 질문하면 이렇다. 우리 주변의 사람들이 단순히 명령을 수행하는 정교한 로봇이 아니라 생각을 하고 의식이 있는 존재라는 것을 어떻게 알 수 있을까? 존 설의 주장에는 현재 신경과학자들이 배제하는 데카르트적 이원론의 요소가 포함되어 있다. 하지만 지금은 비물질적인 자율적 마음이 아니라 그 마음만큼이나 신비한 이해라는 개념을 언급하고자 한다. 나는 사고와 이해에는 일반화 능력과 새로운 상황에서 반응하는 능력이 포함된다고 생각한다. 중국어 방 논증에서는 이 가능성이 부정된다. 매뉴얼에 가능한 모든 질문과 대답이 들어 있기 때문이다. 하시만 전체 조건을 조금 더 유연하게 구성하여 중국어 방에 있는 사람이 다른 규칙들에 기초로 답을 추론해 매뉴얼에 없는 질문에 답을 정확하게 할 수 있다면, 이 사람은 중국어를 이해한다고 말할 수 있다. 같은 논리를 기계에 적용해 보자. 기계가 일반 지능을 보인다면, 즉 프로그램되어 있지 않은 기능들을 추론을 통해 학습해 수행할 수 있다면, 그 기계는 상당한 수준의 사고 능력과 이해 능력을 가지고 있다고 말할 수 있을 것이다. 인공지능이 직면한 가장 어려운 도전이 바로 이것이다.

■ ■ ■ ■ ■

지금까지 우리는 클론, 철학자들의 좀비, 뇌 작동을 모방하는 컴퓨터에 대해 다뤘다. 이제 좀 더 현실적인 주제를 다뤄보자. 동물이다. 동물은 생각할 수 있을까? 동물도 우리처럼 기억을 하고, 기억을 이용해 자신의 존재를 의식할 수 있을까?

플로리다 덤불어치Aphelocoma coerulescens는 까마귀과의 새로, 도토리·씨앗 등을 여름에 저장했다 겨울이 오면 꺼내 먹는다. 덤불어치는 다른 덤불어치들이 숨긴 먹이를 훔쳐먹기도 하는데, 때문에 필수적으로 여러 곳에 분산하여 먹이를 숨긴다. 한 곳이 다른 새들에게 들킬 때를 대비하는 것이다. 놀라운 것은 덤불어치가 둥지 기준 반경 몇 킬로미터나 되는 지역에 있는 수천 개의 먹이 은닉 장소를 기억한다는 사실이다. 케임브리지 대학 니키 클레이튼Nicky Clayton 연구팀이 진행한 기발한 실험들에 따르면 덤불어치는 언제 먹이를 숨겼는지 기억하며, 먹이 유형에 따라 언제까지 맛을 유지할지 알고 다시 찾아온다.(예를 들어 땅콩은 며칠 후에라도 찾아오는 반면 벌레는 그러지 않는다.) 또한 덤불어치는 자신이 먹이를 숨길 때 다른 덤불어치들이 지켜보고 있던 것을 기억해, 다음에 다시 와서 먹이를 다른 곳으로 옮긴다. 게다가 덤불어치는 미래를 계획하기 조차 하는데, 나중에 찾기 힘든 곳에는 먹이를 숨기지 않으며, 자신이 나중에 찾을 수 있는 곳에만 먹이를 숨긴다.[7]

덤불어치는 동물계의 기억력 챔피언 같은 존재라고 할 수 있지만, 최소한 어느 정도의 기억력을 가진 종들도 많다. 개나 고양이도 다른 동물, 사람, 사건들을 명확하게 기억할 수 있다.(예를 들어 주사를 아프게 놓았던 수의사.)

동물의 기억은 주로 원숭이나 설치류에게 특정 부위에 뇌 손상을 입히거나, 약물을 투여하거나, 유전자 조작을 하거나, 뇌 내 다양한 영역의 뉴런 활동을 측정하는 방법으로 연구되어 왔다. 원숭이 대상 실험 중 가장 잘 알려진 실험은 지연 표본 대응 delay match to sample 실험이다. 이 실험은 원숭이에게 사물을 보여준 후 시간이 좀 지나 원래의 사물과 새로운 사물을 같이 보여주고 원숭이가 원래의 사물을 선택하면 보상을 주는 실험이다. [원숭이가 원래의 사물이 아닌 새로운 사물을 고르게 유도하는 변형 형태의 실험 delay no-match to sample 도 있다.] 이런 실험으로 과학자들은 동물의 사물 기억 능력을 평가할 수 있다. 상당히 많은 수의 과학논문이 이런 실험을 통한 동물의 뉴런 활동 측정에 대해 기록하고 있다. 또한 이런 실험은 원숭이의 해마를 제거함으로써 HM이 겪은 기억상실증과 같

은 종류의 기억상실증을 유발해 동물의 기억을 연구하는 데도 도움을 주고 있다.[8]

　설치류 대상 실험은 주로 공간 기억 연구를 위한 것이다. 이는 설치류가 진화하는 과정에서 주변 공간을 인식하고 기억하는 것이 필수적이었다는 사실에 기초한 것이다(설치류는 포식자가 나타나면 어디로 피해야 하는지 알아야 생존할 수 있다). 설치류가 공간 기억 연구에 사용되는 또 다른 이유는 1970년대 존 오키프John O'Keepe 연구팀이 발견한 장소 세포place cell(특정 장소를 부호화하는 뉴런) 때문이다. 오키프는 장소 세포 발견으로 에드바르 모세르Edvard Moser, 마이브리트 모세르May-Britt Moser와 함께 2014년 노벨 생리의학상을 수상했다. 장소 세포의 발견으로 수많은 연구자들이 전기생리학 측정, 병변 연구, 약물 연구, 유전자 조작을 이용해 설치류가 주변 환경에 대한 기억을 어떻게 생성하는지 밝히기 시작했다.[9] 신기하게도 장소 세포와 지난 장에서 살펴본 개념 세포는 상당히 비슷한 모습을 보인다. 특히 이 두 종류의 뉴런은 공통적으로 해마에 위치하며, 발화패턴도 매우 비슷하다.[10] 그렇다면 특정한 장소에 반응하는 뉴런이 제니퍼 애니스턴에 반응하는 뉴런과 어떻게 이렇게 비슷할 수 있을까? 답은 장소 세포가 궁극적으로 개념 세포의 일종이라는 사실에 있다. 쥐에게 주변을 기억하는 능력은 반드시 필요한 능력이지만, 인간에게 반드시 필요한 능력은 서로를 인식하는 능력이다. 장소 세포와 개념 세포는 동일한 종류의 기억 관련 기능을 가진다고 할 수 있으며, 이 두 세포의 유일한 차이는 이 두 세포를 각각 가지고 있는 종들이 각각 다른 종류의 사물을 기억한다는 것뿐이다. 인간에게 공간 표상 능력이 없다는 뜻은 아니다(또한 쥐에게 개념 표상 능력이 없다는 뜻도 아니다. 쥐는 고양이라는 개념을 인식하기 때문이다). 실제로 공간 표상 능력은 인간의 기억에 맥락을 제공한다. 예를 들어, 우리는 누군가와 재미있는 대화를 언제 어디서 나눴는지 정확하게 기억할 수 있다.

그렇다면 기억력은 인간에게만 있는 것이 아니라는 것은 분명해진다. 앞에서 우리는 정체성이 어떻게 기억과 연결되는지 살펴봤다. 하지만 동물들도 과거 경험에 대한 기억에 기초해 자신을 의식할까? 동물과는 대화를 할 수 없기 때문에 튜링 테스트도 불가능하다. 하지만 우연히도 1970년에 미국의 심리학자 고든 갤립 주니어Gordon Gallup, Jr가 매우 간단한 실험을 통해 동물이 자신을 의식한다는 확실한 증거를 제시했다. 침팬지가 거울에 비친 자신의 모습을 인식해 거울 앞에서 얼굴을 찡그리거나, 거울이 없으면 볼 수 없는 몸의 부분들을 만진다는 것(예를 들어, 침팬지들은 거울을 보면서 이빨 사이에 낀 먹이 찌꺼기를 제거하기도 했다)을 알게 된 갤립은 다음과 같은 실험을 설계했다. 침팬지가 거울에 비친 자신의 모습에 익숙해졌을 때 갤립은 침팬지들이 자고 있는 동안 눈썹과 귀를 빨간색으로 칠했다. 잠에서 깬 침팬지들은 자신의 몸에 색깔을 칠한 것을 몰랐기 때문에 평소처럼 행동했지만, 거울 앞으로 데려가자 빨갛게 칠해진 부분을 계속 만지기 시작했다. 거울 테스트라고 알려진 이 간단한 테스트는 고등 영장류(침팬지, 고릴라, 오랑

우탄), 돌고래, 코끼리 정도만 통과할 수 있다.[11] 이 테스트는 영아들에게도 실시되었고(영아들은 얼굴에 립스틱으로 빨간색을 칠했다), 그 결과 인간은 생후 18개월에서 2년 사이의 시기에 자신을 인식하기 시작한다는 사실이 밝혀졌다.

내 반려견이 거울 앞에서 짖던 일이 기억난다. 거울에 비친 자신의 모습을 다른 개로 착각했기 때문에 그랬을 것이다. 실제로 거울에 비친 자신의 모습을 자신이라고 인식하지 못하는 동물들은 매우 많다. 병아리들은 혼자 있을 때는 계속 삐약대지만 다른 병아리들이 주변에 있거나 거울을 앞에 놓아주면 조용해진다. 암탉은 다른 암탉들과 같이 있거나 거울 앞에 있으면 모이를 더 많이 먹는다. 비둘기들도 혼자 있을 때보다 다른 비둘기들이 주변에 있거나 거울을 앞에 놓아주면 알을 더 많이 낳는다. 어떤 새들은 창문 유리창에 비친 자신의 모습을 보고 공격을 하기도 한다. 일반적으로 거울 테스트 통과는 동물이 자신을 인식한다는 뜻이지만, 이 테스트를 통과하지 못한다고 해서 자신에 대한 의식이 없다고 단언할 수는 없다. 여러 가지 이유로 거울에 비친 자신의 모습에 반응하지 않는 동물이 있을 수 있기 때문이다. 시각이 예민하지 않을 수도 있고, 거울에 비친 모습에 관심이 없거나 관심을 나타내지 않을 수도 있다. 고등 영장류가 자신을 의식하는 것은 분명하다. 또한 거울 테스트를 통과하지는 못하지만 개, 고양이 등 다양한 동물도 자신을 의식할 가능성이 높다. 어쨌든 이 동물들에게는 확실히 기억이 있으며, 그 기억은 (인간 같은) 고등 영장류에게도 존재의 느낌을 일으킬 수 있다. 또한 개나 고양이를 키우는 사람이라면 이 동물들이 개성을 가지고 있고 자신의 존재를 의식한다는 것을 확신할 것이다. 그렇다면 어류나 곤충은 어떨까? 의식의 존재 여부와 의식이 있는 동물과 의식이 없는 동물의 구분을 떠나서 우리는 동물계 전반에서 의식이 다양한 수준과 다양한 형태로 나타날 수 있다는 것을 받아들여야 한다. 우리 인간은 우리의 존재, 기원, 사후 세계에 대해 의문을 가지지만, 인간보다 하등한 동물들은 자신과 같은 종의 동물들과 주변 환경을 인식할 수 있을 정도로 의식의 범위가 좁으며, 가장 원시적인 존재들은 생존하기 위한 본능적 투쟁을 할 뿐이다.

그렇다면 동물에 따라 의식과 기억의 수준이 차이가 나는 것은 진화의 결과라고 할 수 있다. 우리의 뇌와 고등 영장류의 뇌가 근본적으로 차이가 거의 없지만, 인간과 고등 영장류 사이에는 엄청난 진화 수준 차이가 존재한다. 침팬지는 무리를 지어 사냥하고, 먹이를 나누고, 도구를 만들어 사용하는 수준까지 이르렀지만, 자신이 가진 뇌의 능력에 대해서도, 지구가 우주의 중심인지에 대해서도, 중력 법칙이 맞는 것인지도, 피타고라스 정리에 대해서도 생각하지 않는다. 다른 모든 동물과 인간 사이의 이 엄청난 차이를 일으키는 것은 과연 무엇일까? 인간만이 이런 독특하고 놀라운 사고 능력을 가지게 된 비밀은 무엇일까?

······

오직 인간에게만 있는 능력이 있다. 언어 사용 능력이다. 다른 동물들도 의사소통을 하고, 심지어 어떤 동물들은 자신들만의 신호 체계를 가지고 있지만, 인간의 언어는 복잡성 면에서 그리고 과거 또는 가상의 미래에 대해 말할 수 있는 능력을 우리에게 준다는 점에서 매우 독특한 존재다. 인간의 언어는 인간이 다른 어떤 종보다 깊게 의사소통을 하고 상호작용할 수 있게 해준다. 인간의 언어는 우리의 기억을 공유하게 해주고 우리가 가진 지식을 전달할 수 있게 해준다. 어미 침팬지는 특정한 상황이 발생할 때 새끼 침팬지에게 어떻게 행동해야 하는지, 어떤 것을 피해야 하는지 가르칠 수 있다. 하지만 어미 침팬지는 자신의 과거 경험, 성공담과 실패담을 새끼 침팬지에게 말해줄 수 없다. 새끼 침팬지는 살아남기 위해 특정한 방식으로 행동하는 법을 배우지만, 왜 그렇게 행동해야 하는지는 이해하지 못할 것이다.

인간이 언어를 사용함으로써 발생하는 중요한 결과가 또 있다. 이 책의 앞부분에서 우리는 추상화의 중요성에 대해 살펴봤다. 단어들이 바로 현실의 추상화 결과다. "개"라고 말할 때 나는 어린 시절에 키우던 개나 이웃집 개에 대해 말하고 있는 것이 아니다. 이때 개는 털이 수북하든, 몸집이 크든 작든, 성질이 사납든, 사냥을 잘하든, 등에 검은 점이 있는 흰 개든 중요하지 않다. "개"라고 말할 때 나는 이 모든 구체적인 특징들을 제쳐두고 그 동물에 대한 정의에 대해 말하고 있는 것이다. 이런 말은 내가 처음 하는 말이 아니다. 19세기 중반 영국의 철학자 존 스튜어트 밀 John Stuart Mill은 다음과 같이 말했다.

> 모든 사물 각각에 이름이 있다고 해도 우리는 지금처럼 일반적인 이름이 필요하다. 일반적인 이름이 없다면 우리는 비교의 결과에 대해 말할 수 없을 것이고, 자연에 존재하는 균일성에 대해서도 말할 수 없을 것이다. (……) 우리가 개별적인 사물들과 그 사물들의 집단에 관한 정보를 전달할 수 있고, 그 속성에 대해 말할 수 있는 것은 바로 이 일반적인 이름이 존재하기 때문이다.
> ― 존 스튜어트 밀, 《논리학 체계 A System of Logic, Ratiocinative and Inductive》

위대한 작가 호르헤 루이스 보르헤스도 다음과 같이 말했다.

> 보이는 세계는 느낌들이 뒤죽박죽 섞여 쌓인 더미다. (……) 언어는 이런 불가사의한 느낌들의 더미를 효과적으로 관리하는 역할을 한다. 바꿔 말하면 이렇다. 우리는 현실을 나타내는 명사들을 발명했다. 우리는 동그란 모양을 만지고, 동이 틀 무렵 보이는 빛 한 줄기의 색깔을 감지하고, 입속이 기분 좋게 톡 쏘는 느낌을 가진다. 그리고 우리는 이 세 가지 서로 다른 것들이 오렌지라는 하나의 사물이라고 거짓말을 한다. 달도 그 자체가 허구다. 복잡한 천문학적 이론을 제쳐 두고 생각해 보자. 지금 레콜레타 묘지 위로 신명하게 떠오르고 있는 노란 동그라미와 며칠 전 밤 마요 광장에서 본 하늘에 떠 있던 분홍색 조각은 전혀 비슷하지 않다. 모든 명사는 축약이다. 차갑고, 날카

롭고, 남을 해칠 수 있고, 잘 깨지지 않으며, 빛나고, 끝이 뾰족한 물체를 우리는 단검이라고 부른다. 우리는 해가 지면서 어둠이 내리기 시작하는 때라고 말하지 않고 황혼이라고 말한다.

— 호르헤 루이스 보르헤스,
《내 희망의 크기 El tamaño de mi esperanza》, 1926년

언어는 우리가 개념을 만들어내고 우리가 사용하는 모든 명사, 형용사, 동사가 나타내는 추상적 의미를 확고하게 만들어 다른 사람들과 의사소통을 하게 만들어줄 뿐만 아니라 우리가 하는 생각들을 분류하게 해준다. 언어는 우리의 경험을 정돈하며 그 경험에 대해 생각하게 만든다. 또한 언어는 우리가 느끼고 지각하는 것들에 형태와 의미를 부여하며 우리 자신에 대해 우리 자신에게 설명을 한다. 단어를 사용하지 않고 깊은 생각을 할 수 있을까? 뇌가 뉴런, 기억, 뇌 같은 단어들에 의존하지 않고 우리의 생각에 의해 만들어진 특정한 이미지들만 가지고 기억을 부호화한다고 생각할 수 있을까? (5장에서 언급한) 러시아의 심리학자 알렉산더 루리아는 언어의 사용이 인간이 성장 과정에서 시각 이미지에 기초한 구체적인 생각을 개념에 기초한 논리적 생각으로 전환을 이끌어낸다고 주장했다. 루리아의 스승인 레프 비고츠키 Lev Vygotsky는 언어를 개념 형성, 즉 구체적인 생각에서 추상적인 생각으로의 전환을 도와주는 기능적 도구로 생각했다.[12] 철학자 대니얼 데닛 Daniel Dennet도 비슷한 생각을 했다. 데닛에 따르면 우리는 우리가 경험

하는 상황에 단어라는 표지를 붙인다. 그 과정을 통해 단어는 우리 뇌가 처리할 수 있는 대상, 즉 우리가 우리의 생각 속에서 만들어내는 개념들의 원형prototype이 된다는 설명이다.[13]

앞에서 우리는 기억이 생각처럼 연관관계 형성에 기초한다는 것과 개념들 사이의 관계를 구축하는 것이 언어라는 것을 살펴봤다. 예를 들어, 내가 "이것은 경비견이다", "2는 1보다 크다", "형과 함께 저녁 먹으러 나갔다" 등의 말을 할 때 개념들 사이의 관계가 형성된다. 지난 장에서 우리는 제니퍼 애니스턴 뉴런(개념 뉴런)이 이런 개념들의 부호화에 핵심적인 역할을 한다는 것을 살펴봤다. 또한 우리는 반복이 기억을 강화하며, 단어들을 쓰거나 말하거나 생각하는 능력이 개념 응고와 개념 간 관계 구축에 핵심적인 기여를 한다는 것도 살펴봤다. 언어 사용으로 추상화의 수준이 높아짐에 따라 우리는 수많은 구체적인 것들을 버리고 추론으로 그 자리를 채운다.[14] 지능과 창의력의 핵심이 바로 여기에 있다. 우리가 아이디어와 개념에 기초해 다른 동물들보다 훨씬 고등한 생각을 할 수 있게 해주는 것이 바로 이 과정이다.

・・・・・

이 책 초반부에서 우리는 인간의 뇌가 정보를 처리하는 방식에 대해 살펴봤다. 약 1000억 개에 이르는 뉴런들이 구축하는 장치를 통해 우리는 모든 것을 매우 자세하게 보고 기억할 수 있다. 하지만 우리는 무한한 기억 능력이 사고 능력을 제한한 셰레셰프스키, 푸네스, 서번트의 사례도 살펴봤다. 그렇다면 뇌는 모든 것을 기억하는 것이 아니라 비교적 적은 정보에 집중해 그 정보를 여러 번 다른 방식으로 처리함으로써 의미를 추출한다고 할 수 있다. 우리가 자잘한 기억들을 첨단 기기에 맡기면서 한편으로는 이 첨단 기기들에 의한 정보 폭격을 피해야 하는 이유가 바로 여기에 있다. 우리가 이해보다 암기를 중시하는 교육 시스템을 비판한 이유도 역시 여기에 있다. 과거 경험에 기초해 우리는 우리 뇌가 저장하지 않은 지각 정보를 추론한다. 이런 무의식적 추론은 시각 정보의 경우 헬름홀츠가 말한 기호^{sign}를, 기억의 경우 바틀릿의 스키마를 구축하게 만든다. 우리는 끊임없이 무의식적 추론을 한다. 우리가 착시현상을 경험하고 잘못된 기억을 가지게 되는 것도 모두 이 무의식적 추론 때문이다.

하지만 로봇이나 컴퓨터를 설계할 때 우리는 이런 전략을 사용하지 않는다. 데이터 처리 시스템을 설계할 때 우리는 정확성과 효율성을 가장 먼저 생각한다. 처리 능력을 최소한으로 사용해 최대한 많은 정보를 저장하고 나중에 그 정보를 그대로 꺼낼 수 있게 만드는 데 우선순위를 둔다는 뜻이다. 데이터 저장의 효율성 면에서 보면 우리 뇌의 처리 과정은 엄청나게 비경제적이고, 부정확하고, 비효율적이다. 하지만 이런 우리 뇌의 처리 과정은 우리가 정보를 이해하는 능력의 핵심을 차지하고 있다. 컴퓨터는 수천 개의 고해상도 이미지를 저장할 수 있지만, 컴퓨터는 그 이미지들의 내용을 우리처럼 이해할 수 없다. 우리가 지각하고 기억하는 것은 매우 적다. 우리 뇌는 이해를 최우선시하기 때문이다. 정보를 추출하고 이해하는 우리의 능력은 수백만 년 동안의 진화의 결과, 수없이 많은 시행착오의 결과다. 어떤 뛰어난 과학자가 우리 뇌가 사용한 전략을 그대로 사용하는 방법을 개발해 인공지능 혁명을 일으킬 수는 있겠지만(실제로 최근에 개발된 심층신경망deep neural networks은 뇌의 이런 전략을 그대로 흉내 낼 수 있다)[15], 뇌의 병렬 처리 방식과 중복 처리 방식을 그대로 흉내 내는 것만으로는 충분하지 않을 것이다. 핵심은 무엇을 어떻게 처리할지에 대한 선택에 있다. 어떤 정보를 처리할지는 우리가 어떤 일을 할지에 달려 있다. 예를 들어, 우리는 읽기 위해 책을 찾을 때와 컴퓨터 모니터를 받치기 위해 책을 찾을 때 같은 책에 대해 매우 다르게 생각한다. 어떤 정보를 처리하고 어떤 정보를 버릴지 선택하는 과정, 의미를 추출하는 과정의 이 유연성이야말로 지능의 핵심이다. 우리가 정보를 처리하고 불러오는 능력이 제한적이라는 사실은 우리를 서번트, 다른 동물, 핼 9000, 인터넷, 레플리컨트, 터미네이터와 구분한다. 해마 안에 있는 개념 세포의 부호화를 통해 우리가 가지게 된 추상화 능력과 연관관계 형성 능력은 우리 기억의 기초이며, 우리를 인간으로 만드는 핵심일 것이다.

감사의 말

이 책은 아르헨티나 최고의 과학 저널리스트인 노라 배르[Nora Bär]가 진행한 과학 대중화 프로젝트의 일부로 몇 년 전에 스페인어로 쓴 책이다. 당시는 《보르헤스와 기억》을 출간한 직후였기 때문에 이 책의 주제와 타깃 독자층을 어떻게 결정해야 할지 고민했던 기억이 난다. 고민 후 나는 이 책의 독자층을 미래 진로에 대해 고민하는 대학 2학년생으로 정했다(물론 나는 이 책을 모든 사람이 읽으면 좋겠다고 생각했지만, 이 책을 쓰는 동안에는 대학 2학년생이 읽는다고 생각하면서 썼다).

이 책의 목표는 기본적인 신경과학 지식을 다루기 위한 것이 아니다. 그보다 나는 독자의 호기심을 자극하려고 했고, 요즘에 신경과학을 공부하는 것이 얼마나 재미있는 일인지를 독자에게 알리고 싶었다. 책을 쓴다는 것은 쉽지 않은 일이다. 하지만 단 한 사람에게라도 신경과학 공부를 선택하게 만들 수 있다면 그걸로 충분하다고 생각했다. (이 책 때문에 몇 년 후에 혹시 신경과학을 공부하게 되는 독자가 있다면 내게 알려주면 좋겠다.)

고등학교에 다닐 때 나는 설명을 하지 않고 사물에 대해 기술하는 책들을 좋아하지 않았다. 나는 내가 이해할 수 있게 책이 친절한 설명을 해주길 바랐다. 하지만 수많은 세월이 지난 후 나는 그렇게 책을 쓰는 것이 쉽지 않다는 것을 깨달았다. 그렇게 책을 쓰려면 수많은 단순화 작업을 해야 했기 때문이다. 단순화 작업을 하지 않으면 책은 너무 전문적이 되어 소수의 전문가들만 읽을 수 있게 된다. 하지만 정보를 단순화할 때는 실수를 하기가 쉽다. 현재의 신경과학 개념들을 수백 년 동안 진행되어 온 철학적 논의들과 연결시킬 때는 더욱더 그렇다. 이 점에서 나는 이 책의 초안을 읽고 잘못을 지적해 준 모든 친구들, 학생들, 동료들에게 감사의 마음을 전한다.

호르헤 루이스 보르헤스는 세르반테스의 《돈키호테》를 영어판으로 처음 읽고 난 뒤 나중에 원어인 스페인어로 읽어보니 안 좋은 번역본처럼 느껴졌다고 고상하게 풍자한 바 있다. 번역의 문제를 생각하지 않는다면, 나는 이 책의 영어판이 스페인어 초판보다 훨씬 더 나은 책이라고 생각한다. 우선, 스페인어 초판이 출간된 후 몇 년이 지나는 동안 인공지능이 엄청난 속도로 진화했고, 영어판에서 나는 이 진화 결과에 대한 내 생각을 수정하고 추가할 수 있었다. 큰 변화는 없지만 책 내용이 더 최근의 연구결과를 반영하게 되었으며 더 정확해졌다고 할 수 있다. 하지만 가장 중요한 것은 후안 파블로 페르난데스가 스페인어 초판을 영어로 번역하고 알렉사 스티븐슨이 편집을 하면서 문맥이 훨씬 자연스럽게 흐르게 되었다는 사실이다. 알렉사는 문장을 문법적으로만 교정하는 데 그치지 않고 이 책의 내용이 잘 전달될 수 있도록 상당히 적극적인 편집을 했다. 알렉사의 열정적인 편집으로, 스페인어 초판에 비교할 때 이 영어판은 훨씬 더 많은 독자층을 확보할 수 있을 것으로 생각한다.

오늘은 공휴일이다. 연구실에 나와 이 글을 쓰고 몇 가지 추가 마무리 작업들을 하고 있다. 아내와 아이들은 같이 시간을 보내길 원했지만, 책이 더 잘 나오기 위해서는 이렇게 글을 쓰는 작업이 더 필요하다고 설득했다. 아내와 아이들은 언제나 그렇듯이 이해한다고 했다. 이들의 사랑과 지원이 없었다면 이 책은 쓸 수 없었을 것이다. 마지막으로 부모님께 감사드린다. 부모님의 지원이 없었다면 나는 과학자가 되어 평생 하고 싶은 일을 하면서 살 수 없었을 것이다.

주

1장 우리는 어떻게 기억을 저장하는가?

1 SF 영화광들이 계속 인용하는 로이 배티의 마지막 말은 딕의 소설에도, 이 영화의 시나리오 원본에도 나오지 않는다. 이 말은 이 장면을 촬영하기 직전에 룻거 하우어가 생각해낸 말로 알려진다.
2 (유명한 미래학자이자 시각장애인을 위한 문자-음성 변환장치를 처음 발명한) 레이 커즈와일(Ray Kurzweil)도 비슷한 주장을 했다. 커즈와일은 인공두뇌를 장착한 "트랜스휴먼(transhuman)"이 인간의 몸 그리고 뇌의 수많은 약점을 극복할 수 있을 것이라고 생각했다.
3 간단히 말해서, 뉴런이 발화하지 않는 동안 일어나는 복잡한 과정은 논외로 한다는 뜻이다. 이 과정은 "역치 이하 활동(subthreshold activity)"이라고 부른다.
4 1980년 초반에 발표된 홉필드의 논문은 신경과학의 새로운 장을 열었다. 대부분의 과학 논문은 인용 횟수가 기껏해야 몇 번 되지 않지만 홉필드의 이 논문은 인용 횟수가 1만8000번에 이른다. 존 홉필드 "Neural networks and physical systems with emergent collective computational properties." Proceedings of the National Academy of Sciences 79(1982): 2554-2558.

5 Santiago Ramón y Cajal, "The Croonian Lecture: La fine structure des centres nerveux." Proceedings of the Royal Society of London 55 (1894): 444-468.
6 Donald Hebb. *The Organization of Behavior: A Neuropsychological Theory*. New York: John Wiley and Sons, 1949.
7 블리스와 뢰모의 논문은 다음 참조. Tim Bliss and Terje Lømo. "Long-lasting potentiation of synaptic transmission in the dentate area of the anaesthetized rabbit following stimulation of the perforant path." Journal of Physiology 232 (1973): 331-356.
8 LTP와 기억 형성 사이의 관계를 보여주는 다른 논문은 다음 참조. R. Morris, E. Anderson, G. Lynch and M. Baudry. "Selective impairment of learning and blockade of long-term potentiation by an N-methyl-D-aspartate receptor antagonist, AP5." Nature 319 (1986): 774-776.
9 최근 나온 추산치는 약 860억 개다. Suzana Herculano-Houzel. "The human brain in numbers: a linearly scaled-up primate brain." Frontiers in Human Neuroscience 3 (2009): article 31.
10 물론 이 숫자는 모래의 종류와 트럭의 용량에 따라 달라진다. 모래 한 알의 지름이 0.02~2mm라고 생각하면, 평균 지름은 0.5mm다. 따라서 이 모래알 20개를 일렬로 세우면 1cm가 되고, 1cm^3 공간 안에는 약 20×20×20=8000개의 모래알이 들어간다. 트럭 짐칸의 체적은 약 5m×2m×1.5m, 즉 1500만cm^3다. 이는 트럭 한 대가 약 1500만×8000개, 즉 1.2×10^{11}개의 모래알을 실을 수 있다는 뜻이며, 이 숫자는 뇌 안에 있는 뉴런의 숫자와 대략 비슷하다. 이 비유에 따르면 달팽이 뇌에 있는 뉴런의 숫자는 모래 한 줌의 모래알 숫자와 비슷하며, 파리 또는 개미 뇌에 있는 뉴런의 숫자는 모래 한 스푼의 모래알 숫자와 비슷하고, 벌이나 바퀴벌레 뇌에 있는 뉴런의 숫자는 작은 커피 잔에 가득 담긴 모래알의 숫자와 비슷하며, 개구리 뇌에 있는 뉴런의 숫자는 2리터짜리 병에 꽉 찬 모래알의 숫자와 비슷하며, 쥐 뇌에 있는 뉴런의 숫자는 양동이에 가득 찬 모래알의 숫자와 비슷하며, 고양이 뇌에 있는 뉴런의 숫자는 손수레에 가득 찬 모래알의 숫자와 비슷하며, 마카크원숭이 뇌에 있는 뉴런의 숫자는 굴착기 삽 부분에 가득 찬 모래알의 숫자와 비슷하

다. 하지만 지능은 동물이 가진 뉴런의 숫자에 의해 결정되지는 않는다. 아프리카코끼리 뇌 안에 있는 뉴런의 숫자는 화물트럭 3대의 짐칸에 가득 찬 모래알의 숫자와 비슷하고, 고래 뇌 안에 있는 뉴런의 숫자는 화물트럭 5대의 짐칸에 가득 찬 모래알의 숫자와 비슷하기 때문이다. 실제로 중요한 것은 뉴런들이 서로 연결되어 회로를 이루고 그 회로들이 다양한 뇌기능의 기초가 되는 방식이다.

11 이 경우 해변의 폭은 50미터, 깊이는 25미터(폭의 반)라고 생각하자.
12 이 수치는 형태에 따라 달라지지만, 대략의 규모는 파악할 수 있게 해준다. For more details, see: E. Gardner. "Maximum storage capacity in neural networks." Europhysics Letters 4 (1987): 481-485.
13 기억 부호화와 관련된 뉴런이 얼마나 되는지 추산하는 것은 불가능에 가깝지만, 원숭이의 경우 중간 측두 피질(intertemporal cortex) 내 뉴런의 약 1.7%가 기억 소환 과정에 참여한다는 연구결과가 있다. 세부 내용은 다음 참조: Kuniyoshi Sakai and Yasushi Miyashita. "Neural organization for the long-term memory of paired associates." Nature 354 (1991): 152–155.

2장 우리는 얼마나 보는가?

1 이 연구 내용은 다음 참조: Kristin Koch, Judith McLean, Ronen Segev, Michael A. Freed, Michael J. Berry II, Vijay Balasubramanian, and Peter Sterling. "How much the eye tells the brain." Current Biology 16 (2006): 1428–1434.
2 이진수는 0과 1로 두 가지 값으로만 구성된다. 예를 들어, 이진수 0001은 십진수 1, 이진수 0010은 십진수 2, 이진수 0011은 십진수 3, 이진수 0100은 십진수 4와 같다. 이진수는 디지털 회로에서 사용하기 편하며, 그 이유로 이진수는 컴퓨터 언어의 기초가 된다.
3 비유하자면, 3비트는 8개의 사물, 4비트는 16개의 사물을 나타낼 수 있다. 따라서 일반화하면, N비트는 2N개의 사물을 나타낸다고 할 수 있다.
4 클로드 섀넌(Claude Shannon, 1916-2001)은 피츠버그 대학에서 전기공학

과 수학을 공부했으며, 20세라는 젊은 나이에 대학을 졸업했다. 섀넌은 MIT에서 석사 학위 과정을 밟으면서 응용 대수 원칙을 회로 개발에 적용했고, 전쟁 기간 동안에는 벨연구소(Bell Labs)에서 암호 개발과 해독을 연구했다. 전쟁 이후 섀넌은 그의 최고 업적으로 여겨지는 정보 부호화와 최적의 정보 전달 연구에 전념했다. 섀넌은 "섀넌 앤트로피(Shannon Entropy)"라는 개념을 도입했는데, 이는 메시지 안에 포함된 정보의 양을 (비트로) 측정하는 데 사용되는 개념이다. 섀넌의 가장 유명한 논문은 1948년에 발표된 다음의 논문이다. "A Mathematical Theory of Communication." Bell System Technical Journal 27 (1948): 379-423 and 623–656.

정보 이론이 신경과학에 어떻게 적용되는지 보려면 다음의 논문 참조. Rodrigo Quian Quiroga and Stefano Panzeri. "Extracting information from neural populations: Information theory and decoding approaches." Nature Reviews Neuroscience 10 (2009): 173–185.

5 24비트로는 1600만 개의 숫자를 만들어낼 수 있다. 요즘은 색 깊이가 32비트인 모니터도 있지만, 24비트 모니터의 해상도와 거의 분간하지 못할 정도로 같다.

6 예상한 결과이지만, 이 사실은 주목을 받지 못했고 이 분야의 한 전문가에 의해 반박되기도 했다. 이 전문가는 30㎝ 거리에서 인간의 눈의 최소 해상도가 477ppi라고 추산했다. 하지만 잡스의 주장을 옹호한 논문도 있었다. 나중에 〈디스커버〉에 나중에 실린 한 논문은 완벽한 시력을 가진 사람의 눈도 이 거리에서의 해상도가 300ppi에 불과하며, 대부분의 사람들은 이 정도의 해상도로 충분히 사물을 볼 수 있다고 주장했다. www.wired.com/2010/06/iphone-4-retina-2,http://blogs.discovermagazine.com/badastronomy/2010/06/10/resolving-the-iphone-resolution 참조.

7 아래 이미지는 우리 연구실 학생인 카를로스 페드레이라와 호아킨 나바하스가 대영박물관에서 찍은 사진이다. 휴대용 시선추적기를 사용해 이 학생들은 박물관 전시실에서 몇 분 동안 있는 동안 사람들은 1초에 평균 약 50개의 사물을 보았다는 관찰 결과를 보고했다. 하지만 놀랍게도 방을 떠난 후 그들이 기억해 낸 사물은 5개 정도에 불과하다. 이 사실로 여러 가지 결론을 내릴 수 있지만, 우리가 기억하는 것이 얼마나 적은지는 이야기할 때까지 결

론은 유보하도록 하자.

8 요즘 나온 시선추적기는 디지털 카메라로 동공의 움직임을 기록한다. 야르버스가 연구를 진행할 당시에는 시선 추적 실험이 지금보다 훨씬 힘들었다. 실험 대상자의 안구에 콘택트렌즈 비슷한 것을 장착하고 그 위에 작은 거울을 씌운 다음 빛이 굴절 정도를 측정해 안구의 움직임을 기록해야 했기 때문이다. 이 기술은 다른 시선 추적 결과와 함께 다음의 논문에 기록되어 있다. Alfred Yarbus. Eye Movements and Vision. New York: Plenum Press, 1967.

9 우리가 예술 작품을 어떻게 지각하는지 보여주는 이 실험은 다큐멘터리로 기록되어 영국 채널4에서 방송되었다. 우리는 기본적인 관찰 결과(우리가 얼굴을 볼 때 눈에 집중한다는 결과)를 넘어서 어도비포토샵을 사용해 그림의 구체적인 부분들을 변화시켰을 때 시선의 패턴이 어떻게 바뀌는지 관찰했다. 시선추적기를 사용한 다른 실험에서도 우리는 테이트 미술관에 전시된 그림들을 사람들이 어떻게 관찰하는지 연구했다. 그 결과 우리는 사람들이 컴퓨터 모니터에서 그림의 복사본을 볼 때와 실제로 그림을 볼 때 시선 고정 패턴이 근본적으로 크게 다르다는 사실도 밝혀냈다. 다음의 논문 참조. Rodrigo Quian Quiroga and Carlos Pedreira. "How do we see art: an eye-tracker study." Frontiers in Human Neuroscience 5 (2011): article 98. Jennifer Binnie, Sandra Dudley, and Rodrigo Quian Quiroga. "Looking at Ophelia: A comparison of viewing art in the gallery and in the lab." Advances in Clinical Neuroscience and Rehabilitation 11 (3) (2001): 15–18.

10 예술은 매우 주관적이다. 반 고흐의 그림은 지금 매우 비싸게 팔리지만, 정작 반 고흐는 생전에 그림을 한 점도 팔기 힘들었다. 예술은 너무나 주관적이기 때문에, 어떤 작품이 좋은 작품인지 알려면 미술가의 명성, 비평가들의 의견 등 다양한 객관적 가이드라인이 필요하다. 유명한 바이올리니스트인 조슈아 벨(Joshua Bell)의 공연은 수많은 사람들이 보러가지만, 지하철에서 바이올린을 연주하는 사람은 스트라디바리우스 같은 초고가의 악기로 바흐의 곡을 연주해도 거의 주목을 받지 못한다.

11 운 좋게도 나는 화가 마리아노 몰리나와 함께 1년 동안 내 연구실에서 같이

작업을 할 수 있었다. 마리아노는 연구실에서 시각 지각에 관련된 신경과학과 미술을 연결시키는 작업을 진행했다. 이 작업의 결과는 www.youtube.com/ watch?v=cg8RZE65Na4에서 확인할 수 있다.

3장 눈은 정말 보기 위한 것인가?

1   망막 내 뉴런이 어떻게 분포하고 작용하는지 자세하게 알고 싶으면 다음의 데이비드 허블의 책 제3장, Brain and Vision (Second Edition). Scientific American Library Series, London/New York: W. H. Freeman, 1995 참조. http:// hubel.med.harvard.edu/index.html.에서 무료로 읽을 수 있다.
2   시각 예술을 하는 사람들에게는 잘 알려진 원리다. 시각 예술가들은 색깔의 밝기를 표현하기 위해 색 대비를 자주 사용하기 때문이다. Vision and Art: The Biology of Seeing. New York: Harry N. Abrams, 2008 참조.
3   자세한 내용은 Horace Barlow. "The Ferrier lecture 1980: Critical limiting factors in the design of the eye and visual cortex." Proceedings of the Royal Society of London B, 212 (1981): 1–34 참조.
4   물론 이 비유는 이 논의의 철학적 뿌리에 대한 매우 간단한 비유일 뿐이다. 자세한 내용은 Anthony Kenny. A New History of Western Philosophy. Oxford: Oxford University Press, 2012, Bertrand Russell. A History of Western Philosophy. London: Routledge Classics, 1946 참조.
5   헬름홀츠(1821-1894)는 과학의 여러 방면에서 뛰어난 업적을 남긴 사람이다. 무엇보다도 헬름홀츠는 에너지보존의 법칙을 만들어냈으며, 열역학의 자유 에너지 개념을 생각해 낸 사람이다. 또한 헬름홀츠는 검안경(ophthalmoscope, 안구 또는 근시, 원시 등의 정도를 검사하는 안경)을 발명했으며, 신경 전달 속도를 측정했으며, 음향 진동에 대한 수학적 설명을 제시했으며, 색채를 3가지 변수(색상, 밝기, 포화도)를 이용해 정의함으로써 현재의 색채 이론의 기초를 수립했다.
6   데이비드 허블과 토르스텐 비젤은 동물 모델을 이용해 시각 박탈에 의한 행동 및 뉴런의 반응 패턴의 변화를 연구했다. 이 연구를 위해 이들은 다양

한 나이(생후 며칠과 3개월 동안)의 고양이들의 눈꺼풀을 실로 꿰매 일정 시간 동안 눈을 뜨지 못하게 한 후 나중에 다시 눈을 뜨게 해 준 뒤의 행동을 관찰했다. 자세한 내용은 Torsten Wiesel and David Hubel. Journal of Neurophysiology 26 (1963): 978-993 참조.
7 Richard Gregory and Jean Wallace. "Recovery from early blindness: A case study." Experimental Psychology Society Monograph No. 2. London: Heffer, 1963 참조.
올리버 색스도 An Anthropologist on Mars에서 비슷한 사례를 다뤘다. 발 킬머가 주연한 영화 At First Sight는 이 이야기를 바탕으로 만들어졌다.
8 실제로 올리버 색스는《아내를 모자로 착각한 남자》라는 유명한 책을 썼다.

4장 우리는 얼마나 많은 것을 기억하는가?

1 Jorge Luis Borges. Ficciones. Buenos Aires: Sur, 1944 참조.
2 William James. The Principles of Psychology. Vol. 1. New York: Henry Holt, 1890, 680 참조.
3 테미스토클레스는 페르시아의 침입에 대비해 전략을 짰던 사람이며, 키케로에 따르면 놀라운 기억력의 소유자였다.
4 Rodrigo Quian Quiroga. Borges and Memory. Cambridge, MA: MIT Press, 2012.
5 Gustav Spiller. The Mind of Man: A Text-Book of Psychology. London: Swan Sonnenschein & Co., 1902.
스필러의 책은 "기억의 천재 푸네스"를 읽다 보르헤스가 책의 첫 장에 자필로 남긴 스필러의 기억량 추산연구에 관한 메모를 통해 우연히 접하게 되었다. 자세한 내용은《보르헤스와 기억(Borges and Memory)》제2장 참조.
6 우리가 가지고 있는 인생 초반부 몇 년 동안의 기억이 얼마 되지 않는 현상은 '유년기 기억상실'이라는 현상으로 부른다. 유년기 기억상실 현상은 특히 지그문트 프로이트가 유년기의 잠재의식에 관한 연구결과를 발표한 후 신경과학자들과 심리학자들의 관심을 끌었다. Alan Baddeley, Michael

Eysenck, and Michael Anderson. Memory. New York: Psychology Press, 2009 제12장 참조.

7 골턴은 특정한 단어들이 불러일으키는 기억의 수를 세는 방법으로 자신의 기억 용량을 측정했다. Francis Galton. "Psychometric experiments." Brain 2 (1879): 149-162, Francis Galton. Inquiries into Human Faculty and Its Development. London: Dent & Sons, 1907 참조.

8 인간의 기억 용량에 대해서는 Yadin Dudai. "How big is human memory, or on being just useful enough." Learning and Memory 3 (5) (1997): 341-365 참조.

9 Hermann Ebbinghaus. Über das Gedächtnis: Untersuchungen zur experimentellen Psychologie. Leipzig: Duncker & Humblot, 1885. (Memory: A Contribution to Experimental Psychology, Tr. Henry A. Ruger & Clara E. Bussenius. New York: Teachers College, Columbia University, 1913.)

10 자세한 내용은 Frederic Bartlett. Remembering. Cambridge: Cambridge University Press, 1932 제5장 참조.
이 책의 7장도 관련된 연구결과들을 다루고 있다. 에빙하우스와 바틀릿의 상반되는 견해에 대해서는 Alan Baddeley, Michael Eysenck, and Michael Anderson. Memory. New York: Psychology Press, 2009 제5장 참조.

11 Elizabeth Loftus and John Palmer. "Reconstruction of automobile destruction: An example of interaction between language and memory." Journal of Verbal Learning and Verbal Behavior 13 (1974): 585-589.

12 자세한 내용은 Elizabeth Loftus. "Our changeable memories: Legal and practical implications." Nature Reviews Neuroscience 4 (2003): 231-234 참조.

13 코튼, 톰슨, 형사의 증언은 www.youtube.com/watch?v=-20DRfjOvME 참조.

14 엘리자베스 롭터스는 강간범으로 몰린 스티브 타이터스라는 사람의 사례도 기술하고 있다. 이 사례에서 흥미로운 점은 피해자가 초기 수사 단계에서는 "저 사람이 가장 비슷하다."라고 말했지만, 재판 과정에서는 "저 사람이 확실하다."라고 말했다는 것이다. 타이터스는 추후 수사를 통해 진범이

밝혀지자 석방되었다.

15 제니퍼 톰슨과 로널드 코튼의 비극적인 이야기는 놀랍게도 행복하게 끝났다. 이 두 사람은 증인 심문 관련 관행의 변화를 위한 활동을 같이 하게 되었으며, 심지어는 이 주제에 관한 책을 같이 쓰기도 했다.

16 결과는 Thomas Landauer. "How much do people remember? Some estimates of the quantity of learned information in longterm memory." Cognitive Science 10 (1986): 477–493 참조.

17 기억 용량에 대한 다른 추산치는 Yadin Dudai. "How big is human memory, or On being just useful enough." Learning and Memory 3(5) (1997): 341-365 참조.

18 《보르헤스와 기억》제12장 참조.

19 이 숫자는 이 장에 등장한 사람의 숫자를 단어수로 나눠 얻은 것이다. 인터넷에서도 비슷한 계산 결과를 찾아볼 수 있다.

20 평균적인 사람이 사용하는 단어가 2만 단어를 넘지 않는다는 것을 감안하면(Dudai, 1997 참조), 2^{15}은 32768이므로, 2만 단어는 15비트로 충분히 나타낼 수 있고, 1초에 3단어를 읽는다면 $15 \times 3=45$bps라는 수치를 얻을 수 있다.

21 Dudai (1997) 표3 참조.

22 3장에서 시각 예술가들의 사례를 다룰 때 살펴보았듯이, 예술(이 경우는 마술)과 신경과학 사이에는 매우 흥미로운 상관관계가 있다. 신경과학자들은 지난 2000년 동안 주의, 의사결정, 기억 같은 신경과학 관련 주제들을 연구해온 마술사들에게 배울 것이 많다. Rodrigo Quian Quiroga. "Magic and cognitive neuroscience." Current Biology 26 (2016): R387-R407 참조.

23 긴장은 리듬과 음량을 이용해도 유발할 수 있다. 단조로운 리듬이 계속되다 갑자기 비명소리가 나는 경우, 리듬이 빨라졌다 늦어지는 경우, 소리가 점점 커지는 경우 긴장이 고조된다. 이런 트릭은 멜로디와 하모니가 고전적이지 않은 현재의 댄스 뮤직에서도 사용된다.

24 신경과학에서 널리 사용되는 베이즈 추론(Bayesian inference)의 핵심이 바로 이것이다.

5장 더 많은 것을 기억할 수 있을까?

1 실제 사건 이야기는 이 정도면 될 것 같다. 모든 전설이 그렇지만, 퀸틸리우스와 키케로는 특정 신화를 배경으로 훨씬 더 재미있는 이야기를 만들어냈다. 이 버전에 따르면 이 연회의 주최자는 스코파스라는 귀족이었는데, 자신이 권투 시합에서 승리한 것을 축하하기 위해 연회를 연 것이었다. 시모니데스는 당시의 관례에 따라 스코파스를 위해 시를 낭송하면서 전설에 등장하는 인물을 언급했다. 시모니데스는 트로이의 헬레나의 쌍둥이 형제이자 운동선수와 뱃사람의 수호성인 폴룩스와 카스토르를 언급했다. 하지만 시를 다 듣고 난 스코파스는 시모니데스에게 주기로 한 돈의 반만 주겠다며 나머지 반은 폴룩스와 카스토르에게 받으라고 말했다. 전설에 따르면, 폴룩스와 카스토르가 실제로 나타나 시모니데스에게 돈을 지불하고 시모니데스에게 연회장 밖으로 나오라고 했는데, 그 직후 천장이 무너져 내렸다.

2 내가 처음에 이 단어들을 쓰고 몇 시간이 지난 뒤 기억하려고 했을 때 나는 신호등을 제외한 모든 단어를 기억할 수 있었다. 횡단보도에 있는 신호등 이미지는 별로 두드러지지 않았기 때문이다. 신호등에 대한 내 기억을 강화하기 위해 나는 구체적인 정보를 더해 그 신호등이 사람 한 명이 횡단보도를 건널 때마다 켜졌다 꺼진다고 상상했다. 이 연관관계를 만든 뒤 열흘 정도 이 연관관계에 대해 전혀 생각하지 않은 후 다시 기억해보니 이번에는 첫 번째 단어만 기억나지 않았다. 문제는 내가 걷기 시작한 거리의 첫 번째 장소인 길모퉁이에 첫 번째 단어인 빵이 놓여져 있었는데, 이 첫 번째 장소에 빵이 놓여 있는 특정한 이미지를 만드는 데 충분한 시간을 사용하지 않았던 것이 분명했다. 이는 장소들과 기억하려는 단어들 모두에 대해 매우 선명하고 구체적인 이미지를 사용하는 것이 중요하다는 것을 뜻한다.

3 1970년대에 진행된 한 연구는 피실험자 집단에게 각각 단어 20개가 담긴 5개의 목록을 주고 장소 기억법을 사용해 기억한 집단과 다른 방법으로 기억한 집단을 비교했다. 차이는 매우 놀라웠다. 첫 번째 집단은 평균 72%를 기억한 반면, 두 번째 집단은 28%밖에 기억하지 못했다. Gordon H. Bower. "How to ... uh ... remember!" Psychology Today 7 (5) (1973): 63-70 참조. 장소 기억법으로 단어 40~50개를 단 한 번 외운 사람들이 평균 95% 이상의

단어들을 기억한다는 연구결과가 발표된 적도 있다. John Ross and Kerry Ann Lawrence. "Some observations of memory artifice." Psychonomic Science 13 (2) (1968): 107–108 참조.

장소 기억법에 관한 다른 연구는 Alan Baddeley, Michael W. Eysenck, and Michael C. Anderson. Memory. New York: Psychology Press, 2009 참조.

4 숫자와 이미지를 연결시키는 기법은 매우 많다. Dominic O'Brien, as well as in: Joshua Foer. Moonwalking with Einstein: The Art and Science of Remembering Everything. New York: Penguin, 2012 참조.

5 종이는 105년 중국 한나라의 환관 채륜이 발명했다. 하지만 제지술이 서양에 전해지는 데는 1000년 이상이 걸렸다. 제지술은 아바스 칼리파국과 당나라 사이에 벌어진 탈라스 전투(751년)를 통해 무슬림 세계로 전해졌다. 당나라 포로들이 풀려나는 대가로 아랍인들에게 제지술을 가르쳐줬기 때문이다. 중국과 아랍권에서 철저하게 보안을 지키다가 유럽에 제지술이 전해진 것은 12세기 스페인 남부인 이베리아 반도에서 아랍 세력이 축출되면서다. 유럽인들은 당시까지는 글을 파피루스에 썼는데, 이집트에서 수입해야 했기 때문에 매우 비쌌다. 동물 가죽으로 만든 양피지에 글을 쓰기도 했는데, 양피지는 파피루스보다 훨씬 더 비쌌다. 고대, 특히 고대 그리스 시대에는 밀랍 서판(나무판자 위에 밀랍을 씌운 판)에도 글을 썼다. 이러한 수단들은 비쌀 뿐만 아니라 글쓰기도 매우 불편했기 때문에 사용이 제한적일 수밖에 없었다. 서양에서 기억술이 발달한 이유가 여기에 있다.

6 작자 미상의《헤렌니우스에게 바치는 수사학》과 함께 이 책들은 기억과 기억술에 관한 가장 중요한 기록이다.

7 이 사람들의 놀라운 기억력에 대해서는 키케로, 퀸틸리우스의 저작, 대 플리니우스의《박물지(Naturalis Historia)》에도 기록되어 있다.

8 《웅변가론(De oratore)》II, LXXXVIII, 360 참조.

9 역사가 프랜시스 예이츠는 그리스에서 시작된 기억술이 사라진 것은 모여서 누군가의 이야기를 듣는 것도 위험했던 야만의 시대의 도래에 그 원인이 있다고 말했다. 또한 기억술에 관한 중요한 저작들이 소실됨에 따라 기억에 관한 중세의 연구(주로 토마스 아퀴나스의 연구)는 불완전하거나 잘못 해석된 텍스트에 의존할 수밖에 없었다. 고대 로마와 고대 그리스의 연

설가들이 사용했던 장소 기억법을 가장 자세히 다룬 퀸틸리우스의《연설가 교육론(Institutio Oratoria)》이 대표적인 예다. 이 책은 1416년에 이르러서야 현재의 스위스 지역에 있는 성 골 수도원 도서관에서 발견되었다. 이 책에서는 1966년 프랜시스 예이츠가 고대부터 르네상스 시대까지 기억술의 역사에 대해 흥미롭게 서술한《기억의 기술(The Art of Memory)》(London: Routledge)의 설명을 따랐다.

10 Peter of Ravenna, Fornix, ed. of Venice, 1491, quoted in Yates, The Art of Memory, 113.

11 《기억의 기술》에 실린 비길리우스 주이케무스(Vigilius Zuychemus)가 로테르담의 에라스무스에게 보낸 편지에서 인용. 비길리우스는 대중에 공개되지 않고 미완성된 극장의 목재 모델을 접한 소수 중 하나이며, 그가 에라스무스에게 보낸 편지는 극장이 존재했다는 몇 안 되는 구체적인 증거이다.

12 Giulio Camillo, L'idea dela theatro, Florence and Venice, 1550, quoted in Yates, The Art of Memory, 138.

13 조르다노 브루노에게 화형 선고를 내린 재판관 로베르토 벨라르미노는 그 후 코페르니쿠스의 지동설을 지지한 갈릴레오 갈릴레이를 이단으로 규정한 재판에도 관여했다.

14 프랜시스 예이츠의《기억의 기술》제5장, 마지막 장 참조.

15 루리아는 The Mind of a Mnemonist: A Little Book about a Vast Memory. Cambridge, MA: Harvard University Press, 1987에서 셰레셰프스키에 대해 간단하지만 흥미진진한 설명을 했다.

16 푸네스와 셰레셰프스키의 유사점은 Rodrigo Quian Quiroga. Borges and Memory. Cambridge, MA: MIT Press, 2011 제3장 참조.

17 지난 장에서 살펴보았듯이, 이 생각은 이미 아리스토텔레스 시대와 토마스 아퀴나스의 시대에도 존재했다.

18 킴 피크 등 서번트에 관한 자세한 내용은 대럴드 트레퍼트(Darrold Treffert). Islands of Genius (London: Jessica Kingsley, 2010) 참조. 트레퍼트는 킴 피크와 수년 간 같이 연구한 서번트 전문가다.

6장 우리의 지능은 더 발전할 수 있을까?

1 해부학적 구조(뉴런의 밀도 등)와 신경생리학적 구조(전극이 뉴런 발화를 기록할 수 있는 유효 영역의 분포 등)에 기초한 추정에 따르면 임의의 순간에 활성화되는 뉴런 중 측정이 가능한 비율은 5~10%다. Gyorgy Buzsáki. "Large-scale recording of neuronal ensembles." Nature Neuroscience 7 (5) (2004): 446-451 참조.
2 뉴런의 활성화는 대사 작용면에서 매우 비효율적인 과정이다. 인간 뇌는 몸 전체 체중의 약 2%밖에 차지하지 않지만, 사용하는 에너지는 전체의 20%에 이르기 때문이다.
3 간질에 대한 일반적인 치료 방법을 찾기 힘든 이유는 간질이 다양한 임상 증상들과 형성 과정을 가진 포괄적인 병이기 때문이다. 어린이에게서 몇 초 동안 나타나는 결신발작(absence seizure, 갑자기 하던 행동을 중단하고 멍하니 바라보거나 고개를 떨어뜨리는 증세가 5~10초 정도 지속되는 발작) 증상은 길거리에서 발작을 일으켜 쓰러지는 성인의 발작 증상과는 매우 다르다. 또한 안면 틱 증상은 갑자기 근육이 힘이 빠져 쓰러지는 사람의 증상과 매우 다르다. 일반적인 간질 치료법을 찾기 힘든 다른 이유는 간질 발작이 급작스럽게 일어난다는 데 있다. 따라서 발작이 언제 그리고 왜 일어나는지 뇌전도 검사로 측정하기가 힘들다. 실제로 1990년대부터 일부 연구자들이 간질 발작 예측을 시도하고 있지만, 현재까지 전혀 성과가 없다. Florian Mormann, Ralph Andrzejak, Christian Elger, and Klaus Lehnertz. "Seizure prediction: the long and winding road." Brain 130 (2) (2007): 314-333 참조.
4 기억력 대회 참가자들은 카드, 숫자, 단어, 이름 등을 누가 가장 많이 외우는지 경쟁한다.
5 Alan Baddeley, Michael W. Eysenck, and Michael C. Anderson. Memory. New York: Psychology Press, 2009, 363 참조.
6 노르웨이에서 진행된 설문조사에 따르면 응답자의 90% 이상이 운동을 해 몸을 좋게 만드는 것처럼 기억력을 좋게 만들 수 있다고 대답했다. 하지만 이런 생각은 잘못된 생각이다. 특정한 종류의 기억력을 연습을 통해 좋

게 만든다고 해서 다른 종류의 기억력이 좋아지는 것은 아니기 때문이다. Svein Magnussen et al. "What people believe about memory." Memory 14 (2006): 595-613 참조.

A. Owen, A. Hampshire, J. Grahn, R. Stenton, S. Dajani, A. Burns, R. Howard, and C. Ballard. "Putting brain training to the test." Nature 465 (2010): 775-778 참조.

7 파티에서 만난 사람들의 이름을 기억하는 다양한 방법들에 대한 연구가 있었다. 놀랍게도, 시각 기법(이름을 다른 사물에 연결시키는 방법)을 사용한 사람들은 기억 기법을 사용하지 않은 사람들에 비해 이름을 더 적게 기억했다. 문제는 파티 같은 실제 상황에 존재하는 여러 가지 주의 분산 요소들이 합쳐져 기억 기법의 적용을 방해한다는 데 있었다. P. Morris, C. Fritz, L. Jackson, E. Nichol, and E. Roberts. "Strategies for learning proper names: Expanding retrieval practice, meaning and imagery." Applied Cognitive Psychology 19 (2005): 779-798 참조.

8 조슈아 포어(Joshua Foer)는 2012년《문워킹과 아인슈타인(Moonwalking with Einstein)》이라는 책의 마지막 부분에서 기억술로 자신의 정보 기억 능력은 크게 좋아졌지만, 어느 날 식당에서 밥을 먹고 집에 돌아와서 생각해보니 차를 식당 주차장에 두고 왔다는 것을 알게 되었다고 고백했다.

9 캘리포니아 대학 버클리 캠퍼스 교수들을 대상으로 한 연구에 따르면, 교수들은 지적인 활동을 많이 하기 때문에 교수가 아닌 사람들에 비해 노화로 인한 기억력과 인지능력 상실이 훨씬 적다. Arthur Shimamura, Jane Berry, Jennifer Mangels, Cheryl Rusting, and Paul Jurica. "Memory and cognitive abilities in university professors." Psychological Science 6 (1995): 271-277 참조.

10 Rodrigo Quian Quiroga. Borges and Memory. Cambridge, MA: MIT Press, 2012.

11 이 추정치는 캘리포니아 대학 데이비스 캠퍼스 교수이자 의사소통 전문가인 마틴 힐버트(Martin Hilbert)가 이메일, TV, 이동전화, 신문, 라디오 등을 통해 사람들이 받아들이는 정보의 양을 계산한 결과다. Martin Hilbert and P. López. "The world's technological capacity to store, communicate, and

compute information." Science 332 (6025) (2011): 60-65 참조.

12 The Shallows: What the Internet Is Doing to Our Brains (New York: W. W. Norton, 2010)에서 니콜라스 카(Nicholas Carr)는 인터넷을 수년 동안 사용하다보니 집중해서 책을 읽는 것이 거의 불가능해졌다고 밝혔다.

13 《문위킹과 아인슈타인》에서 조슈아 포어는 세상에서 가장 지적인 사람을 찾는 것은 어려운 일이라고 말한다. 실제로 구글 검색을 하면 세계에서 가장 나이가 많은 사람, 가장 큰 사람, (특정 경기 결과에 기초한) 가장 강한 사람 등은 쉽게 찾을 수 있다. 하지만 가장 똑똑한 사람은 어떻게 정의할 수 있을까? IQ는 지능의 극히 일부만을 측정한 수치이기 때문에 IQ로는 가장 똑똑한 사람인지 판단할 수 없다. 포어의 연구가 흥미를 끄는 것은 이 연구로 인해 포어가 가장 기억력이 뛰어난 사람을 찾게 만들었다는 점이다. 이 연구를 위해 포어는 먼저 자신의 기억력을 훈련하기 시작했고, 그 결과로 예상치 않게 미국 기억력 대회 챔피언이 되었다. 베스트셀러가 된 《문위킹과 아인슈타인》에는 위에 서술한 포어의 연구에 관한 흥미진진한 이야기가 많이 나온다. 특히 장소 기억법에 관한 이야기, 전문 기억술사들과의 이야기가 재미있다.

14 특히 리처드 앤더슨은 뇌[정확히는 후두정피질(posterior parietal cortex)]의 두 영역이 팔 운동과 눈 운동을 담당한다는 사실을 발견했다. 수년 동안 앤더슨은 시각 정보가 어떻게 운동 실행(예를 들어 탁자에서 잔을 집어 드는 행동)을 이끄는지 연구했다. Hans Scherberger, Rodrigo Quian Quiroga, and Richard Andersen. "Coding of movement intentions." In: Rodrigo Quian Quiroga and Stefano Panzeri, eds. Principles of Neural Coding. Boca Raton, FL: CRC Press, 2013, 303–321 참조.
이후 앤더슨의 아내 캐롤은 남편이 강연 준비를 하는 것을 보면서 한두 가지 메시지에 집중할 수 있게 도와주기 위해 시각 정보와 운동 실행의 관계에 대한 원리를 자신이 제안했다고 내게 말했다.

15 이 글에서 윌리엄 제임스는 제임스 밀(James Mill)의 Analysis of the Phenomena of the Human Mind. Vol. 1. London: Baldwin & Cradock, 1829, 235의 일부를 인용했다.

16 물론 이는 성인에게도 적용된다. 고등학생과 대학 1학년생을 가르치면서 내

가 직접 목격한 현상이다. 자동차가 2분에 500미터를 달리려면 평균 속도가 얼마가 되어야 하는지 묻는 질문에 대부분의 학생은 쉽게 대답했다. 하지만 다른 방식으로 같은 문제에 대해 물었을 때는 상황이 달랐다. 예를 들어, "마트에서 여동생을 2분 후에 태워야 하는데, 마트는 500미터 거리에 있다. 가는 동안 일정한 속도를 계속 유지한다면 여동생을 제시간에 태우기 위해서는 얼마나 빨리 차를 몰아야 하는가?"라고 물었을 때 학생들은 쉽게 대답하지 못했다. 실제로 학생들이 반드시 우선적으로 배워야 하는 것 중 하나는 문제의 내용을 이해해 문제를 푸는 전략을 세우는 방법이다. 다시 말하면, 중요한 정보를 찾아내 그 정보에 집중하면서 중요하지 않은 정보는 버릴 수 있어야 한다는 뜻이다. 자동차가 마트에 가든, 타이어를 교체하러 가든 2분에 500미터를 간다는 것에 집중할 수 있어야 한다.

7장 기억의 종류

1 Alan Baddeley, Michael Eysenck, and Michael Anderson. Memory. New York: Psychology Press, 2009.
2 George Sperling. "The information available in brief visual presentation." Psychological Monographs 74 (11) (1960): 1-29.
3 시각 시스템의 경우, 감각 기억은 영상 기억(iconic memory)이라고도 부른다. 청각 시스템의 경우는 감각 기억을 반향 기억(echoic memory)이라고 부른다. 하지만 반향 기억은 최대 3~4초 정도 지속되는 반면, 영상 기억은 1초의 몇 분의 1밖에 안 되는 짧은 순간 동안만 지속된다.
4 Richard Atkinson and Richard Shiffrin. "Human memory: A proposed system and its control processes." In K. W. Spence and J. T. Spence, eds. The Psychology of Learning and Motivation. Vol. 2. New York: Academic Press, 1968, 89-195.
5 William Scoville and Brenda Milner. "Loss of recent memory after bilateral hippocampal lesion." Journal of Neurology, Neurosurgery, and Psychiatry 20 (1957): 11-21.

더 최근 연구 결과는 Larry Ryan Squire. "The legacy of patient H.M. for neuroscience." Neuron 61 (11) (2009): 6-9 참조.

8장 뇌는 개념을 어떻게 표상하는가?

1. 복측 시각경로를 따라 시각 정보가 처리되는 방식에 대해서는 N. K. Logothetis and D. L. Sheinberg. "Visual object recognition." Annual Review of Neuroscience 19 (1996): 577–621, K. Tanaka. "Inferotemporal cortex and object vision." Annual Review of Neuroscience 19 (1996): 109-139 참조.
2. 크리스토프와 이츠하크 외에도 이 연구에는 가브리엘 크라이먼, 레일라 레디, 알렉산더 크라스코프도 참여했다.
3. 물론 수직선이나 얼굴도 개념이다. "개념"이라는 말을 어떻게 정의하는지에 따라 V1이나 IT 내 뉴런들도 개념에 반응한다고 주장할 수도 있다. 하지만 개념의 의미에 대한 복잡한 논의를 떠나서 말하면, 내가 최초로 발견한 개념 세포의 "개념"은 특정한 사람에 대한 개념이라는 것을 분명히 밝히고 싶다.
4. Rodrigo Quian Quiroga, Leila Reddy, Gabriel Kreiman, Christof Koch, and Itzhak Fried. "Invariant visual representation by single neurons in the human brain." Nature 435 (2005): 1102–1107.
5. 익숙한 개념들을 부호화하는 뉴런이 더 있다는 사실에 대한 증명은 다음의 논문 참조. I. Viskontas, Rodrigo Quian Quiroga, and Itzhak Fried. "Human medial temporal lobe neurons respond preferentially to personally relevant images." Proceedings of the National Academy of Sciences 106 (2009): 21329-21334.
6. 사진과 이름에 대한 뉴런의 반응에 대해서는 Rodrigo Quian Quiroga, Alexander Kraskov, Christof Koch, and Itzhak Fried. "Explicit encoding of multimodal percepts by single neurons in the human brain." Current Biology 19 (2009): 1308-1313 참조.
7. 그림 8.4의 뉴런은 내 사진뿐만 아니라 UCLA에서 같이 실험을 진행한 내

동료 3명의 사진에도 반응했다. 피사의 사탑과 에펠탑 모두에 반응한 뉴런도 있었다. 제니퍼 애니스턴 뉴런은 다음날 테스트해보니 리사 쿠드로(같은 TV 시트콤 〈프렌즈〉에 출연한 여배우)에게도 반응했다. 제리 사인펠트(Jerry Seinfeld)에게 반응한 뉴런은 크레이머(Kramer, 사인펠트와 같은 시트콤에 출연한 캐릭터)에게도 반응했다.

최근에 우리는 이 뉴런들이 의미 있는 연관관계를 부호화하며, 새로 생성되는 연관관계도 바로 부호화하기 위해 반응 패턴을 변화시킬 수 있다는 사실도 알아냈다. Emanuela de Falco, Matias Ison, Itzhak Fried, and Rodrigo Quian Quiroga. "Longterm coding of personal and universal associations underlying the memory web in the human brain." Nature Communications 7 (2016): 13408, Matias Ison, Rodrigo Quian Quiroga, and Itzhak Fried. "Rapid encoding of new memories by individual neurons in the human brain." Neuron 87 (2012): 220-230 참조.

8 우리가 기억하는 양이 얼마나 적은지는 2012년에 출간한 내 책 《보르헤스와 기억》의 중심 주제다.

9 이 모델을 만들면서 나는 전문적인 내용들과 그 내용들을 뒷받침하는 과학적 증거들의 상당 부분을 생략할 것이다. Rodrigo Quian Quiroga. "Concept cells: the building blocks of declarative memory functions." Nature Reviews Neuroscience 13 (2012): 587–597 참조.

10 추가로 설명하면, 내측두엽이 손상된 환자들은 기억이 손상되었을 뿐만 아니라 새로운 상황을 상상하는 능력도 감소했다. 이 환자들은 맥락 없이 사실들을 분리해서만 상상할 수 있기 때문이다. D. Hassabis, D. Kumaran, S. Vann, and E. Maguire. "Patients with hippocampal amnesia cannot imagine new experiences." Proceedings of the National Academy of Sciences 104 (2007): 1726–1731 참조.

9장 안드로이드는 느낄 수 있는가?

1 개인의 정체성에 대해서는 철학 분야에서 많은 탐구가 이뤄지고 있다.

Chapter 6 of: J. Hospers. An Introduction to Philosophical Analysis. London: Routledge, 1956 참조.
2 Aristotle. On the Soul. Translated by J. A. Smith. Oxford: Clarendon Press, 1928, 412b.
3 Aristotle. On the Soul, 408b.
4 중세 스콜라 철학자들이 아리스토텔레스의 생각을 거부한 것은 개인 영혼의 불멸성을 부정한 12세기 무슬림 철학자 아베로에스(Averroës)의 아리스토텔레스 철학 해석에 영향을 받았기 때문이다. 아베로에스에 따르면, 죽는 순간 영혼은 개인성을 상실하고 보편적인 영혼의 일부가 된다. 마치 바닷물 속의 물방울 같은 존재가 되는 것이다. 반면, 토마스 아퀴나스는 능동적 지성(active intellect, 인간의 이성적 사고를 가능하게 하는 지성)과 수용적 지성(receptive intellect, 감각을 가능하게 하는 지성. 동물과 인간 모두에 존재한다)을 구분했다. 아퀴나스는 동물과 인간 모두에 능동적 지성과 수용적 지성이 있으며, 이 수용적 지성은 사망과 함께 사라지지만 능동적인 지성은 불멸이라고 주장했다.

이 주제에 관한 아리스토텔레스의 생각에 대한 다른 해석은 다음의 책 참조. Anthony Kenny. A New History of Western Philosophy. Oxford: Clarendon Press, 2005, Chapters 4 and 7, Bertrand Russell. A History of Western Philosophy. London: Routledge Classics, [1946] 2004, Chapter 19.
5 튜링의 다음 논문 참조. Alan Turing. "Computing machinery and intelligence." Mind 59 (1950): 433-460.
6 중국어 방 논증에 관해서는 다음 논문 참조. J. Searle. "Minds, brains, and programs." Behavioral and Brain Sciences 3 (1980): 417-457.
7 니키 클레이튼의 연구에 대해서는 V. Morell. "Nicky and the jays." Science 315 (2007): 1074-1075 참조.
더 자세한 내용은 U. Grodzinski and N. Clayton. "Problems faced by food-caching corvids and the evolution of cognitive solutions." Philosophical Transactions of the Royal Society of London B 365 (2010): 977–987 참조.
8 이 연구는 Larry Squire and Stuart Zola-Morgan. "The medial temporal lobe memory system." Science 253 (1991): 1380–1386에 요약되어 있다.

9   John O'Keefe. "A review of the hippocampal place cells." Progress in Neurobiology 13 (1979): 419-439, Edvard Moser, Emilio Kropff, and May-Britt Moser. "Place cells, grid cells and the brain's spatial representation system." Annual Reviews of Neuroscience 31 (2008): 69–89, K. Nakazawa, T. McHugh, M. Wilson, and S. Tonegawa. "NMDA receptors, place cells and hippocampal spatial memory." Nature Reviews Neuroscience 5 (2004): 361-372 참조.

10 자세한 내용은 Rodrigo Quian Quiroga. "Concept cells: the building blocks of declarative memory functions." Nature Reviews Neuroscience 13 (2012): 587–597 참조.

11 자세한 내용은 Gordon Gallup, Jr. "Chimpanzees: selfrecognition." Science 167 (1970): 86–87, Gordon Gallup, Jr. "Self-recognition in primates: a comparative approach to the bidirectional properties of consciousness." American Psychologist 32 (1977): 329–338, J. Plotnik, F. de Waal, and D. Reiss. "Self-recognition in an Asian elephant." Proceedings of the National Academy of Sciences 103 (2006): 17053–17057 참조.

12 Lev Vygotsky. Thought and Language. Cambridge, MA: MIT Press, 1986.

13 Daniel Dennett. Kinds of Minds. New York: Basic Books, 1997, 150-151.

14 동물행동 전문가인 콜로라도 주립대학 교수 템플 그랜딘(Temple Grandin)은 인간이 추상화와 추론에 기초한 사고를 하느라 간과하는 것들을 동물은 볼 수 있다고 주장한다. 흥미로운 것은 그랜딘이 자폐증 환자이며, 자신을 포함한 자폐증 환자들(그리고 서번트들)이 동물의 생각을 더 잘 이해한다고 주장한다는 점이다. The Woman Who Thinks Like a Cow(London: Bloomsbury)에서 그랜딘은 동물의 사고 과정과 자폐증 환자의 사고 과정이 비슷하다고 주장한다.

15 Alex Krizhevsky, Ilya Sutskever, and Geoffrey Hinton. "Imagenet classification with deep convolutional neural networks." Advances in neural information processing systems 25 (2012): 1097-1105 참조.

찾아보기

간질 초점(epileptic focus) 115, 154
감각 기억(sensory memory) 139~140, 146
감각질(qualia) 167
개념 세포(concept cell) 162, 187, 196
개념(concept) 19~20, 24, 27~28, 57, 71~72, 126, 129, 145, 147, 152, 156, 158~166, 184, 187, 193~194
공감각(synesthesia) 104~105, 116
광수용체(photoreceptor) 41, 51~52, 152
기능주의(functionalism) 180
기억 용량(memory capacity) 26, 73~74, 83
기억(memory) 12~28
기억술(mnemonics) 71, 93, 99~102, 117~127, 130
기억의 천재 푸네스(Funes the Memorious) 70, 72
내측 측두엽(medial temporal lobe) 154
내후각피질(entorhinal cortex) 160
놀라운 가설(The Astonishing Hypothesis) 177
뇌(brain) 15~16, 22~23, 25~28
니키 클레이튼(Nicky Clayton) 185
단기 기억(short-term memory) 74, 78, 84, 137~143
단속적 신속안구운동(saccade, 홱보기) 40~41, 54~55
대뇌피질(cerebral cortex) 25, 55, 64, 166
대니얼 데닛(Daniel Dennet) 193
데이비드 허블(David Hubel) 153
데이비드 흄(David Hume) 57
데카르트적 이원론(Cartesian dualism) 176~178, 181, 184
도미니크 오브라이언(Dominic O'Brien) 116, 118
도파민(dopamine) 18~19
딥 블루(Deep Blue) 181
라벤나의 피에트로(Peter of Ravenna) 101, 123, 130
레프 비고츠키(Lev Vygotsky) 193
로널드 코튼(Ronald Cotton) 81~82
뤽 베송(Luc Besson) 114
르네 데카르트(René Descartes) 15, 57, 102, 174, 176~177
리처드 그레고리(Richard Gregory) 62~63
리처드 앤더슨(Richard Andersen) 128
마리아노 몰리나(Mariano Molina) 46

망막(retina) 33, 37~38, 40~41, 46~47, 51~55, 64, 85, 152~153, 160
맥락(context) 77, 123, 130, 133, 167, 188
메트로도로스(Metrodorus) 100
무의식적 추론(unconscious inference) 58~59, 64, 79, 87, 89, 195
미겔 앙헬 헤아(Miguel Ángel Gea) 87, 162
바이트(byte) 34
복측 시각경로(ventral visual pathway) 153, 160
브렌다 밀너(Brenda Milner) 144
《블레이드 러너(Blade Runner)》 12~13, 15, 21, 171, 181
비트(bit) 33~35
사고실험(Gedankenexperiment) 73, 179~181, 183
산티아고 라몬 이 카할(Santiago Ramón y Cajal) 17, 23
새로운 시각 이론에 관한 시론(An Essay Towards a New Theory of Vision) 62
색깔(color) 21, 35, 39, 51, 54, 104~105, 152, 174, 188
서술 기억(declarative memory) 144~145, 161
섬광 기억(flashbulb memory) 146
솔로몬 셰레셰프스키(Solomon Shereshevskii) 102, 104~109, 116, 126, 195
송과선(pineal gland) 176
수상돌기(dendrite) 17
스키마(schema) 78~79, 90, 195
스티븐 커플러(Steven Kuffler) 52, 153
시각실인증(visual agnosia) 64
시모니데스(Simonides) 93, 96~97

시선 추적(eye tracking) 40~41, 46
시선의 중심(Center of Gaze) 40, 46
시스템 응답(systems reply) 184
신경전달물질(neurotransmitter) 17~19, 174
심층신경망(deep neural network) 196
아리스토텔레스(Aristotle) 15, 56~58, 71, 130, 152, 160, 175
안드레이 타르코프스키(Andrei Tarkovsky) 125
안드로이드는 전기 양을 꿈꾸는가?(Do Androids Dream of Electric Sheep?) 13
알렉산더 루리아(Alexander Luria) 104~106, 193
알프레드 야르버스(Alfred Yarbus) 43
알하젠(Alhazen) 57
앨런 튜링(Alan Turing) 182
앳킨슨-쉬프린 모델(Atkinson-Shiffrin model) 140
억제성 뉴런(inhibitory neuron) 19
언어(language) 89, 117, 191~194
에드바르 모세르(Edvard Moser) 187
엘리자베스 롭터스(Elizabeth Loftus) 79~80
연상(연관 관계, 연관 짓기, association) 77, 95, 97, 104~105, 107, 126, 130~131, 133
연상실인증(associative agnosia) 65
올리버 색스(Oliver Sacks) 64
외현 기억(explicit memory) 144
원추세포(cone) 51~52
윌리엄 스코빌(William Scoville) 142
윌리엄 제임스(William James) 71, 130~131
응고(consolidation) 75, 78~80, 83, 129~130, 138, 140, 194

의미 기억(semantic memory) 137, 144~145
의식(consciousness) 13, 15~16, 28, 74, 76, 167, 178, 184
이븐 알 하이삼(Ibn al-Haytham) 57
이츠하크 프리드(Itzhak Fried) 155
인간지성론(Esaay Concerning Human Understanding) 61, 173
인공지능(artificial intelligence) 15, 172, 181, 196, 198
일원론(monism) 174, 178
일차 시각영역(V1) 55
일화 기억(episodic memory) 137, 144~145, 163, 165~167
잃어버린 시간을 찾아서(À la recherche du temps perdu) 69
자극(stimulus) 18, 21, 24, 53, 69, 71, 109, 152, 155, 158~160, 164, 179~180
자기 인식(self-awareness) 179~180
작업 기억(working memory) 137, 141
장기 기억(long-term memory) 74~75, 78, 84, 137, 138, 140~141, 143, 145
장기강화(long-term potentiation, LTP) 24
장소 기억법(method of loci) 93~105, 113, 117, 126, 130
장소 세포(place cell) 187
절차 기억(procedural memory) 144~145
정보 이론(information theory) 34, 37
정서 기억(emotional memory) 137, 146
정체성(identity) 12, 173~174, 177, 188
제니퍼 애니스턴 뉴런(jennifer Aniston neuron) 156~157, 187, 194
제니퍼 톰슨(Jennifer Thompson) 81~83
조르다노 브루노(Giordano Bruno) 102

조지 버클리(George Berkeley) 62
조지 스펄링(George Sperling) 138~140
조합적 폭발(combinatorial explosion) 28
존 랭던 다운(John Langdon Down) 108
존 설(John Searle) 183~184
존 오키프(John O'Keepe) 187
존 월러스(John Wallace) 62
존 홉필드(John Hopfield) 19
주변부분 뉴런(off-center neuron) 53
줄리오 카밀로(Giulio Camillo) 101~103
중국어 방(Chinese room) 183~184
중심부분 뉴런(on-center neuron) 53
중심와(fovea) 40~41, 46~48, 51~53, 55, 64
중심-주변 구조(center-surround organization) 53~55, 64, 153
지각(perception) 56, 59, 65, 104, 143, 152~153, 193, 195
지연 표본대응(delay match to sample) 186
착시(optical illusions) 55, 59~60, 79, 195
철학자들의 좀비(zombie of the philosophers) 179~180, 185
초월적 관념론(transcendental idealism) 57
추론(inference) 27, 58~59, 64, 79, 87
추상화(abstraction) 71, 79, 106~107, 132, 160~161, 166, 191, 194, 196
축삭돌기(axon) 16, 152
크리스토프 코흐(Christof Koch) 155, 177
크리티아스(Critias) 99
키케로(Cicero) 71, 97, 99~101
킴 피크(Kim Peek) 108
테레 뢰모(Terje Lømo) 24
테미스토클레스(Themistocles) 71
테아이테토스(Theaetetus) 76

토르스텐 비젤(Torsten Wiesel) 153
토마스 아퀴나스(Thomas Aquinas) 57~58, 71, 152, 160, 175
토머스 랜도어(Thomas Landauer) 83~86
튜링 테스트(Turing Test) 182~183, 188
팀 블리스(Tim Bliss) 24
파이드로스(Phaedrus) 120~121, 175
편도체(amygdala) 146
표상(representation) 21, 24, 52, 58, 63~65, 71~72, 79, 85, 147, 153, 155, 166~167, 188
프란츠 카프카(Franz Kafka) 173
프랜시스 크릭(Francis Crick) 177
프레더릭 바틀릿(Frederic Bartlett) 78~79, 83~84, 87, 90, 195
픽셀(pixel) 35

필립 K 딕(Philip K. Dick) 13
해마(hippocampus) 142~147, 154~163, 166, 186~187, 196
헤르만 에빙하우스(Hermann Ebbinghaus) 74~78, 83~84, 129
헤르만 폰 헬름홀츠(Hermann von Helmholtz) 58~59, 61
헵 세포 집합체(Hebbian cell assemblies) 24
호르헤 루이스 보르헤스(Jorge Luis Borges) 70, 72, 192~193, 198
홉필드 네트워크(Hopfiled network) 19~20, 26~27
활동전위(action potential) 16
홍분성 뉴런(excitatory neuron) 19
HM(Henry Molaison, 헨리 몰레이슨) 142~143, 154, 161, 186

옮긴이 주명진

■ ■ ■ ■ ■

조선대 의대를 졸업하고 프랑스 파리 제9대학 소아정신과에서 연수했다.

주명진 정신과를 열어 개원의로 활동하다가, 1996년 의료법인 우산의료재단을 설립하여 형주병원과 다수의 노인병원을 운영하고 있다. 오랫동안 인류학, 진화심리학, 뇌과학 그리고 정신의학의 역사에 관심을 갖고 공부해 왔으며 인류학 지식나눔 홈페이지(http://waht is human.net)를 개설해 인류가 걸어온 길을 대중과 공유하며 인간이란 무엇인가를 공부하고 있다.

■ 역자의 홈페이지에 망각에 대한 자료들이 올려져 있습니다.

- 『호모 사피엔스, 그 성공의 비밀』(The Secret of Our Success)
  조지프 헨릭 지음, 주명진 옮김(뿌리와이파리, 2019)

- 『올모스트 휴먼』(Almost Human)
  리 버거, 존 호크스 지음, 주명진·이병권 옮김(뿌리와이파리, 2019)

- 『정신 요양소에서 교도소로』(From Asylum to Prison)
  앤 E. 파슨스 지음, 주명진 옮김(부산대학교출판문화원, 2021)

- 『매드 인 아메리카』(Mad in America)
  로버트 휘태거 지음, 주명진 옮김(부산대학교출판문화원, 2021)